U0279211

艺术设计
ARTDESIGN

高等院校艺术学门类『十三五』规划教材

ZBrush SHUZI DIAOKE YISHU

ZBrush数字雕刻艺术

主 编 倪聪奇 张 炜

副主编 骆 哲 丁 沂 杨祺君

华中科技大学出版社
http://www.hustp.com
中国·武汉

内 容 简 介

本书结合当前飞速发展的数字雕刻艺术，通过对行业的概况和角色结构的分析、不同案例的详细讲解，给读者剖析了数字雕刻艺术的制作流程和表现手法。

本书并不只着眼于技术层面，通过教学实践中所反馈的问题，将人物角色的肌肉、骨骼结构知识独立列为一章，以图文并茂的方式，让读者轻松掌握角色的关键结构知识，便于在后续的练习和实践中运用。实例的选择具有很强的代表性，并且各有侧重。"野蛮人"案例以 ZBrush 独立制作为主，结合 Photoshop 渲染输出，技术重点在于介绍个人数字雕刻作品制作流程中的每个细节；多软件结合案例则运用了多个软件，技术重点以次世代游戏制作流程为主。

本书可以作为高等院校动画专业影视动画方向或者游戏动画方向的教材，也可以作为相关专业人员的培训用书。

图书在版编目（CIP）数据

ZBrush 数字雕刻艺术 / 倪聪奇，张炜主编. — 武汉 : 华中科技大学出版社, 2015.6（2024.1 重印）
高等院校艺术学门类"十三五"规划教材

ISBN 978-7-5680-1017-7

Ⅰ.①Z…　Ⅱ.①倪…　②张…　Ⅲ.①三维动画软件 – 高等学校 – 教材　Ⅳ.①TP391.41

中国版本图书馆 CIP 数据核字(2015)第 148188 号

ZBrush 数字雕刻艺术　　　　　　　　　　　　　　　　　　倪聪奇　张　炜　主编

策划编辑：彭中军
责任编辑：沈婷婷
封面设计：龙文装帧
责任校对：刘　竣
责任监印：张正林
出版发行：华中科技大学出版社（中国·武汉）
　　　　　武昌喻家山　　邮编：430074　　电话：（027）81321913
录　　排：龙文装帧
印　　刷：武汉科源印刷设计有限公司
开　　本：880 mm×1 230 mm　1/16
印　　张：7
字　　数：210 千字
版　　次：2024 年 1 月第 1 版第10次印刷
定　　价：42.00 元

目录

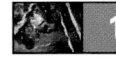

ZBrush SHUZI DIAOKE YISHU

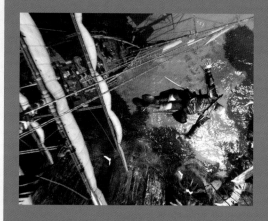

数字雕刻艺术解来

SHUZI DIAOKE YISHU GAISHU

第一章

第一节
雕刻艺术的起源

　　雕刻艺术的起源可以追溯到新石器时代早期，当时的工匠为了生活或者祭祀需要，在石器、陶器、玉器，或者骨头上进行雕刻。他们运用最原始的工具创造出圆雕、浮雕、镂空雕刻、阴刻等技术，制作出各种具有艺术欣赏价值的生活器具。如图 1-1 所示为新石器时代玉雕，如图 1-2 所示为新石器时代石雕。

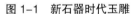

图 1-1　新石器时代玉雕　　　　　　　　　　　　　　　图 1-2　新石器时代石雕

　　雕刻艺术在漫长的发展期间深受文化和宗教的影响，从公元前 12 世纪末的古希腊罗马时期开始，由于外族入侵，克里特和迈锡尼文化覆灭，当时的古希腊诗人荷马撰写了著名的《荷马史诗》，即《伊利亚特》和《奥德赛》，从希腊神话出发，重塑希腊文化，因而有了我们非常熟悉的奥林匹斯诸神。这些悠久的希腊神话对后世的罗马文化乃至文艺复兴有着深远的影响，也塑造出大量的希腊神话雕刻作品（见图 1-3 和图 1-4）。

　　而远在中亚的古印度孔雀王朝时期的第三代君王阿育王，在诸多杀戮后蓦然醒悟，大力发扬佛教。他派遣了许多传教士去世界各地传播佛法，一些僧侣到达了有着雕塑王国之称的古希腊。古希腊精湛的雕塑作品，对人体美的崇尚和细致入微的观察，极大地影响了古印度的传教士以及工匠。于是他们效仿古希腊艺术家以人像来表现神话和宗教的方式，打破了传统的思想，直接开始以人像雕塑来表现佛陀的容貌和身形。

　　佛教于两汉之际传入中国，与中国文化相互融合。佛教的雕塑、铸造及绘画等艺术方面的创造对中国的文化产生了深远影响。佛像直接成为佛教徒朝拜和祈福的对象，也成了信奉者传送教义、讲述佛教伦理故事的直接传达者。中国各地的佛教石窟（见图 1-5），也被信众作为修行的必要场所，为后世留了大量的风格不一的雕塑艺术作品。

图 1-3　希腊神话雕刻作品（1）

图 1-4　希腊神话雕刻作品（2）

图 1-5　中国佛教石窟

　　古罗马时期和文艺复兴时期是西方雕塑艺术的鼎盛时期，当时的艺术家从美的角度来进行创作，以此来给予观赏者无与伦比的美感。在题材上艺术家多选择古希腊神话以及基督教故事。米开朗琪罗 5 米高的作品《大卫》可以说是文艺复兴时期的代表作品，从造型上来看，大卫的姿态非常阳刚，结构和肌肉的表现到位，富有张力。文艺复兴时期的艺术家大多都在佛罗伦萨活动，最开始是吉贝尔蒂，然后是多纳泰罗、委罗基奥等，而最具标志性的雕塑艺术家则是米开朗琪罗，他代表着文艺复兴雕塑艺术的最高峰。

第二节
数字雕刻艺术的运用

　　数字雕刻离不开计算机技术的发展。它运用计算机 CG 技术进行虚拟雕刻，雕刻的对象也是多种多样的，既有客观存在的，也有艺术家设计或者凭空想象出来的；既有人物或者怪物，也有道具或者场景。数字雕刻被广泛运用到电影、游戏、珠宝产品设计等领域。近年兴起的 3D 打印技术，也让数字雕刻的未来拥有了更多的可能。

　　数字雕刻艺术运作在电影中通常是制作现实里没有的虚拟角色。在《魔戒》三部曲中，一直企图夺取魔戒的拟人小怪物咕噜姆（见图 1-6）在屏幕中的表现让人印象深刻，其亦正亦邪的双面性格的表演将这个角色的特点淋漓尽致地表现了出来。它并没有实际的演员演出，只是一个采用数字雕刻技术创造出来的角色，并通过动作捕捉技术给予咕噜姆动作和表情。从此以后，数字雕刻被广泛地运用到电影的虚拟角色创造中。我们经常在屏幕上看到的各种震撼的大场面，实际上就是通过计算机进行虚拟模拟的，而演员只需要在绿幕前想象虚拟角色和他正表演的对手戏进行演出。数字雕刻运用具有代表性的电影除了《魔戒》以外，还有《金刚》《黑夜传说》（见图 1-7）、《博物馆奇妙夜》《加勒比海盗》《阿凡达》等。

图 1-6　《魔戒》咕噜姆雕像　　　　　　　　　　　　　图 1-7　《黑夜传说》剧照

　　受计算机技术的局限，早期的 3D 游戏画面技术一直停留在以贴图来表现细节的基础上，强调"三分模型七分贴图"。这种类型的游戏所表现出来的画面虽然色彩明快，但是容易模拟 2D 游戏效果，无法表现出那种细腻而丰富的角色，以及逼真而厚重的环境。而随着数字雕刻技术的运用，越来越多的游戏开始进入以雕刻表现为主的时代。通过雕刻软件做出细节丰富的高精度模型，然后通过高模烘焙出一张法线贴图运用到低精度模型上，让低模也能在游戏中实时表现出数字雕刻的高模效果。这种技术一经使用立刻成为行业的标杆，大量运用到微软以及索尼的家用机游戏平台和计算机平台的各类单机游戏中。最为著名的例如《刺客信条》系列、《神秘海域》系列、《战争机器》系列，以及《战神》系列等。《刺客信条 4-黑旗》游戏画面如图 1-8 所示。

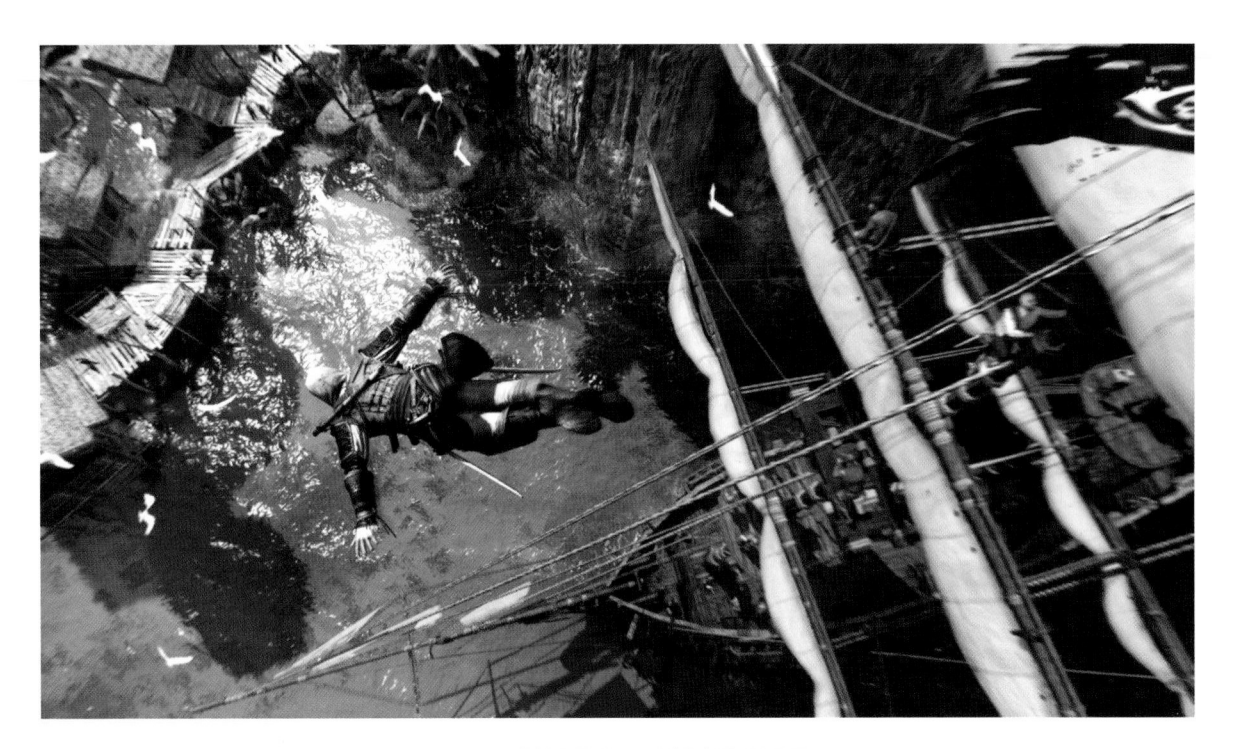

图 1-8 《刺客信条 4- 黑旗》游戏画面

近两年以来所推出的网络游戏也渐渐出现了数字雕刻的身影。比如韩国著名网游《剑灵》，在宣传中就标榜自己是次世代网络游戏。从对该游戏角色模型的分析可知，人物的衣服、部分男性角色也确实运用了法线贴图技术。在技术和硬件飞速发展的今天，游戏的画面表现也越来越向电影级别靠拢。索尼 PLAYSTATION4 平台于 2015 年推出的游戏《教团 1886》中，玩家已经分不出是电影 CG 动画还是游戏实际操控画面了。这正是数字雕刻技术在游戏领域更加成熟的表现。或许不久的将来，我们还会在手机上看到运用了数字雕刻、有着逼真细节的游戏，而随着硬件条件的成熟，这些都不难实现。《剑灵》游戏画面如图 1-9 所示。

图 1-9 《剑灵》游戏画面

第三节
数字雕刻常用软件

1. ZBrush

ZBrush 的官网首页，是这样把它介绍给使用者的：ZBrush 是一个数字雕刻和绘画软件，它以强大的功能和直观的工作流程彻底改变了整个三维行业。在一个简洁的界面中，ZBrush 为当代数字艺术家提供了世界上最先进的工具。ZBrush 以实用的思路开发出的功能组合，在激发艺术家创作力的同时，产生了一种用户享受，在操作时会感到非常顺畅。ZBrush 能够雕刻高达 10 亿多边形的模型，所以说，限制只取决于艺术家自身的想象力。可以发现，ZBrush 的关键词就是"革新"和"自由"，它也确实做到了。ZBrush 的标志性 Logo 如图 1-10 所示，ZBrush 数字雕刻作品《老白》如图 1-11 所示。

图 1-10　ZBrush 的标志性 Logo

图 1-11　ZBrush 数字雕刻作品《老白》

艺术家在使用 ZBrush 软件时，结合手绘板，可以随心所欲地在屏幕上进行数字雕刻。使用软件特有的 Z 球系统或者 4.6 版本增加的 DynaMesh 系统，可以像黏土一样捏出大的形态，然后再进行细分，进入细致雕刻。数字雕刻不同于普通雕刻，它通常是在大结构的基础上尽可能地塑造更多的细节，这样就不可避免地需要更多面片，而 ZBrush 在这一点做得非常棒，因而能让艺术家随心所欲，更加自由地去进行雕刻作品。ZBrush 能够在模型上直接进行顶点着色贴图以及制作毛发，为角色摆出合适的造型姿态，可以说，它极大地简化了传统三维软件的制作流程，并且将无数令人惊叹的作品带到了世人面前。

2. Mudbox

Mudbox 是来自新西兰 Skymatter 公司开发的一款独立且易于操作的雕刻软件，它后来被 Autodesk 公司收购，成为其核心产品中的一员，作为 ZBrush 的竞争对手而存在。它的操作与业界知名软件 Maya 类似，用户更容易上手。Mudbox 软件启动界面如图 1-12 所示。

图 1-12　Mudbox 软件启动界面

与 ZBrush 强大的雕刻工具相比，Mudbox 的强项在于处理贴图，操作方式是将高精度贴图很方便地投射到拆分好的 UV 三维模型上去。它是真正的三维软件，处理起模型来会更直观一些，而 ZBrush 是一个 2.5 维的软件，所以它能处理非常惊人的多边形数量，不过在旋转模型时，就仿佛是在托盘上对模型进行旋转一般。Mudbox 最值得称道的是其友好的软件操作界面，非常容易上手，各个功能区的设置一目了然，所以相对来说它的雕刻笔刷就没有 ZBrush 的丰富了。

3. 3D-Coat

3D-Coat 的名气并没有前面两个那么大，它的官方介绍是这样的：3D-Coat 是专为游戏美工设计的软件，它专注于游戏模型的细节设计，集三维模型实时纹理绘制和细节雕刻功能于一身，可以加速细节设计流程，在更短的时间内创造出更多的内容。只需导入一个低精度模型，3D-Coat 便可为其自动创建 UV，一次性绘制法线贴图、置换贴图、颜色贴图、透明贴图、高光贴图。最大材质输出支持 4096 dpi×4096 dpi，做到真正的无缝输出。

3D-Coat 的自动拓扑功能非常强大，只需要为模型设置引导线，告诉它这个地方的布线是如何处理的，它就可以按照要求和面片数量自动生成低精度模型。所以在平时的工作中，3D-Coat 通常是作为提高工作效率的辅助软件来使用的。不过 3D-Coat 一直在更新开发，已增加了如体积雕刻等诸多新功能，所以值得期待。

4. TopoGun

TopoGun 并不是一款雕刻软件，它主要是用来处理拓扑与烘焙贴图的。

在雕刻软件中雕刻得非常精细的模型，其多边形数量也是非常庞大的，如果想导入常规三维软件或者游戏引擎中直接使用，这几乎是不可能的事情。于是在整个数字雕刻的流程中，TopoGun 的作用就是将高精度模型导入，然后通过它的拓扑工具直接在高精度模型上进行面片的重塑造，所有的面片创建时都是依附在高精度模型上面的。可以根据人体的布线走势很轻松地创建出与高精度模型相匹配的低精度模型，通过让他们关联后生成法线贴图，就完成了 TopoGun 的拓扑工作任务。虽然现在越来越多的软件同样拥有拓扑功能，但是在无缝衔接和工具使用上，TopoGun 依然是业界非常高效的拓扑软件之一。TopoGun 软件工作界面如图 1–13 所示。

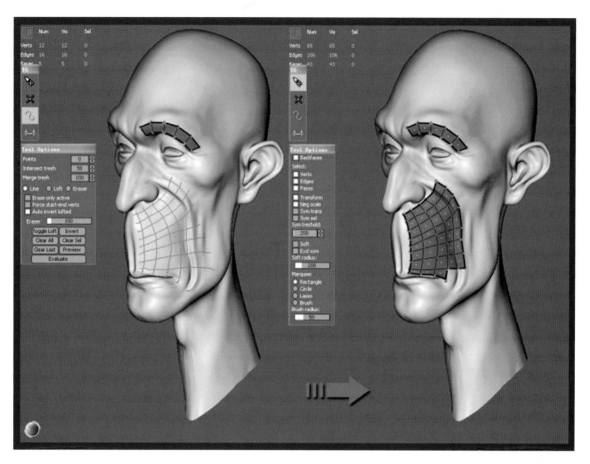

图 1–13　TopoGun 软件工作界面

第二章

人体结构知识解析

RENTI JIEGOU ZHISHI JIEXI

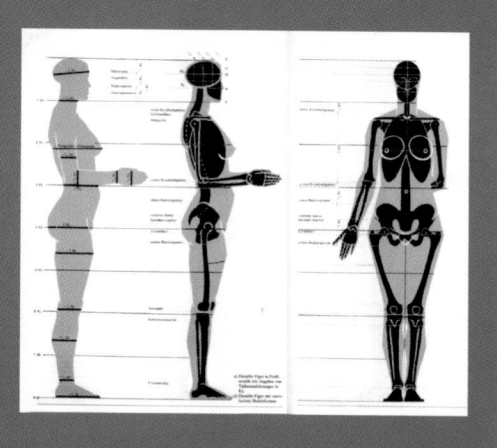

正式进入数字雕刻艺术的学习之前，有必要单独将人体各部分结构知识进行细致的剖析。这是因为很多新入门的数字雕刻学习者会发现，使用 ZBrush 来制作作品难的不是软件操作，而是对人体结构的清楚认识。数字雕刻其实就和传统雕刻一样，在雕刻的过程中，需要对人体的各部分肌肉形态、服饰褶皱、人体姿态进行全面的诠释，而且可能需要表现更多的细节才行，对结构不了解，是不可能做出好的作品的。因此建议读者好好地阅读此章，本章将使你对人体结构知识的认识有质的提高。

第一节
男女人体比例和身体结构的不同之处

男性比例结构图如图 2-1 所示，通常会以头为单位来衡量人体的整体比例。作为一个成年男性，身高 180 cm 左右，人体比例上应该在 8 头身左右。而整个身体躯干的正中间部分，就是盆骨中间衔接的耻骨部分，它基本将男性全身一分为二。

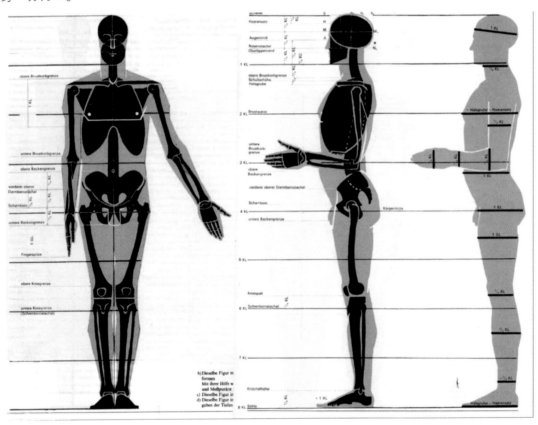

图 2-1　男性比例结构图

而男性躯干上半身的二分之一处，恰好是胸大肌前乳头所在区域，上下又被下巴和脊椎中部所区分。特别需要说明的是，脊椎中部的那条线，正好代表了男性腰部最窄之处。而下半身的正中间，则处于小腿胫骨粗隆的地方，它较为粗糙，所以名为粗隆。因而在制作或者绘制人体时，切忌将膝盖作为人体下半区域的中间点来进行划分和定位。

接下来看看男性的手臂，首先可以确认的是由手肘到腕关节的区域，正好是人体的一头长，而它正好是尺骨和桡骨相交的区域。通过手腕带动这两个骨头进行运动，就可以控制手臂前部分的扭曲与转向了。而从肩部到肘关节的长度，大约是人 1.6 个头的高度，手掌的长度比 1 个头长略微短一点，如果细致分析的话，大约是去掉头发后整个面部的头长。然后需要提到的是男性的肩宽，从图 2-1 来看，大约是 2 个头的长度。在学习基础素描的时候，教师通常会提到"站 7 坐 5 盘 3"。这些数字代表了亚洲人体以头部来进行测量的人体比例，相比较图例的欧洲人，亚洲人会稍微要矮一些，不过差异并不太大。

图 2-2 也把女性比例分成了 8 头身，目测身高大约是 168 cm，以整个身体的中心线来区分的话，也是在盆骨连接的耻骨部分，不过女性的腿会因为臀部较大的原因短一些，所以中心线的位置实际上会在耻骨靠上一些，女性的中心线在耻骨以上，而男性的在耻骨以下。

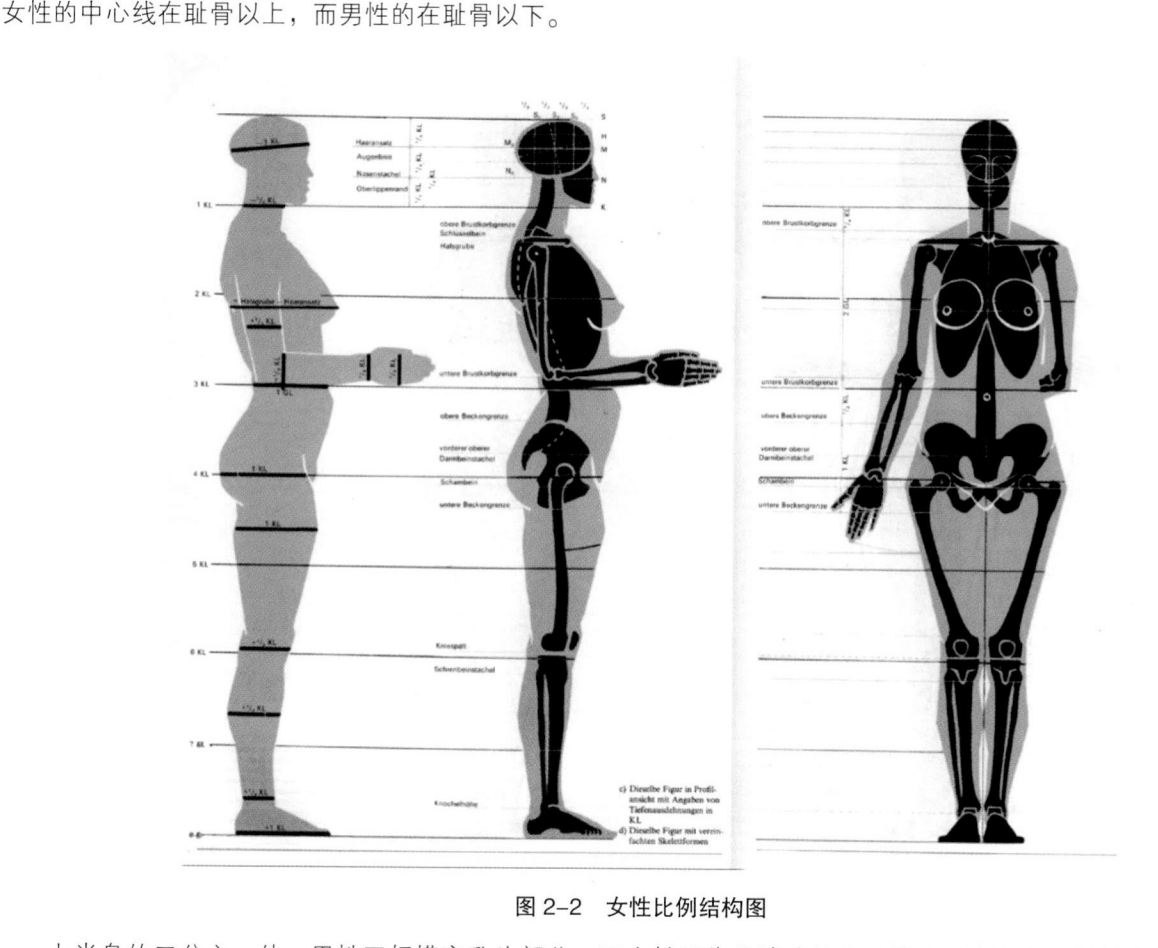

图 2-2　女性比例结构图

上半身的二分之一处，男性正好横穿乳头部分，而女性因为乳腺功能比男性要强大不少，所以乳房会较为饱满，乳头略微下垂，所以会比二分之一处低一些。女性下半身二分之一处同样也和男性有所区别，男性在膝关节的粗隆部分，而女性则更靠近髌骨，也就是膝盖部分。女性腰部的分段线以及手臂的长度基本和男性的相同，只不过因为女性腰部以下身形急剧向盆骨扩展变化，女性腰部最细的部分会微微在腰部分段线靠上一点。众所周知，女性的手掌会比男性要小一些，所以女性的手掌的长度也会略短。

女性和男性区别较大的区域体现在肩宽和盆宽部分，男性在这两个区域之间的几何形状仿佛是一个倒梯形，而女性的则是正梯形，即女性的盆宽要略微大于肩宽。这也是男女形态比例上最为显著的区别。在制作数字雕刻作品中的前期大型阶段，可以将这些结构一开始就表现出来，所有的细节都必须依托于这些基础特征之上，否则制作再多，也是徒劳。

在详细的分析之后，来看看图 2-3，此图基本囊括了男女结构上的差异性，可以对男女比例结构区别做一个总结。

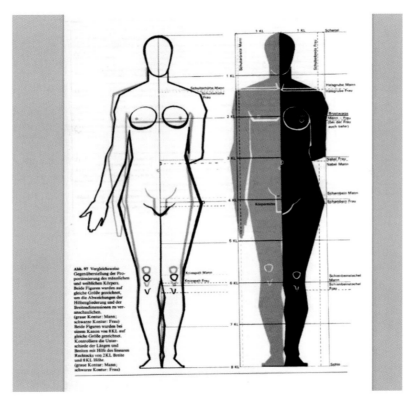

图 2-3　男女比例结构差异图

　　从图 2-3 可以很清晰地看出，男女人体在肩部、臀部有较为明显的区别，男性的肩部更宽，而臀部相对较窄，从形态上来分析，有点类似一个倒立的梯形。而女性的臀部更为宽厚，从而显得腰部及臀部所辐射的区域特别大，因而女性的整个腿部比男性要低一些。

第二节
人体骨骼结构分析

　　成人一共有 206 块骨头。这些骨头构成了人体的支架，也起到关节部位的弯曲与运动的作用。对研究造型艺术的人而言，骨骼在人体表面的构造与突起直接影响到对角色的表现效果。这些都是人体形态塑造的基础。欣赏艺术作品的人一眼就可以看出错误的骨骼结构，所以本节内容对人体皮肤下的骨骼进行了梳理。我们并不需要去记住骨骼的名字，我们要做的，是记住它们如何来表现皮肤形态结构上的变化。

　　整个人体结构上，拥有三个较为重要的圆形区域，分别是颅骨、胸腔以及盆骨，首先来认识下躯干上的胸腔和盆骨区域的造型。胸腔是由 10 块椭圆形叶状肋骨组成的，胸前由一块剑状胸骨体进行衔接，因为形似宝剑，所以命名为剑柄、剑体和剑突。在观察人体时，可以很清楚地看到整个胸部受胸腔骨骼隆起的造型特征，而肌肉则依附于这些隆起的骨骼架构之上。在图 2-4 中，可以很清楚地看到骨骼对皮肤表面的形态产生的影响。

　　盆骨的结构相对来说比较复杂，但最需要注意的是盆骨两边突起的髂前上棘。它很清楚地作为整个盆骨区域在皮肤上的突起区域，并且由此而延伸了腿部的几大块肌肉群，髂前上棘作为非常重要的骨骼，在雕刻盆骨区域时必须找准。

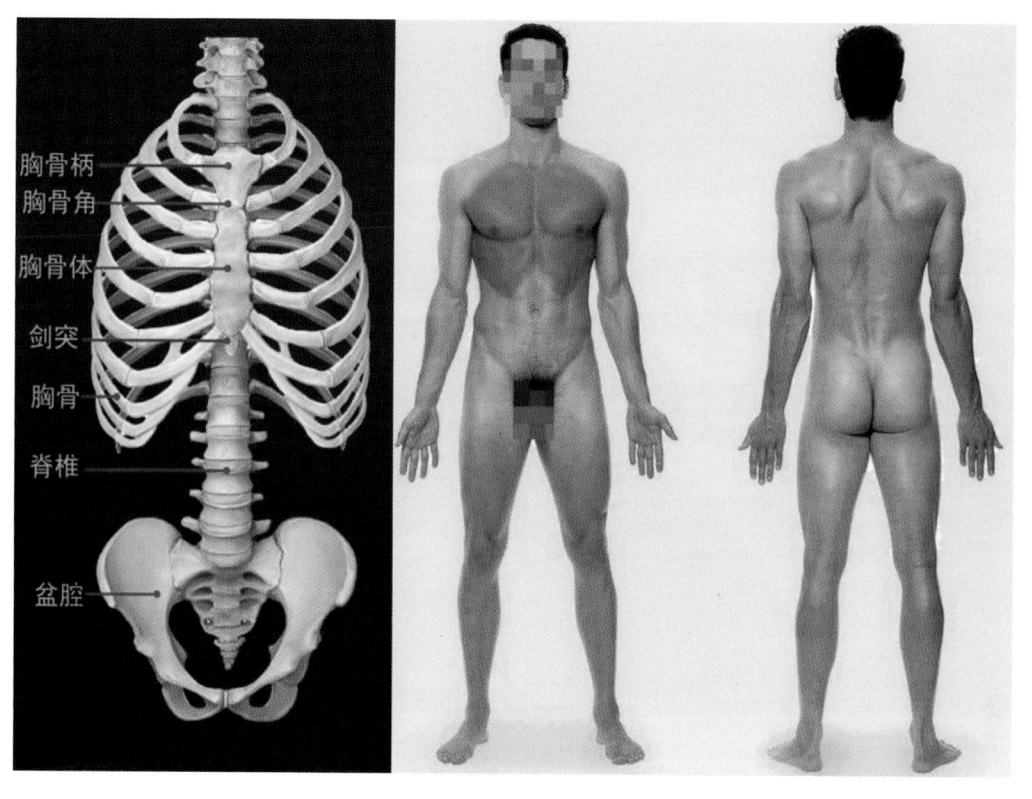

图 2-4　人体胸腔结构图示

在图 2-5 中可以看到髂前上棘在人体盆骨区域皮肤表面支撑特别明显，而整个盆腔像一个向内倾斜的碗口一般，从背面上看，就像正张开翅膀的蝴蝶，两块丰满的臀部就在蝴蝶的翅膀上延伸出来。

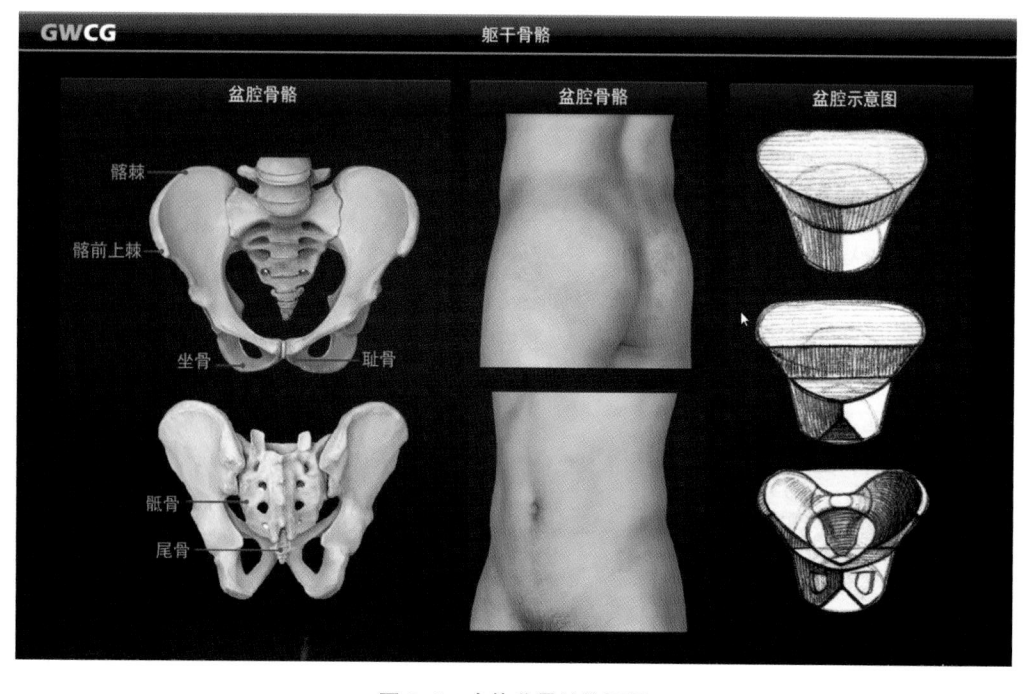

图 2-5　人体盆骨结构图示

肩部区域作为衔接躯干、手臂的重要枢纽，其骨架结构在人体中的重要性不言而喻。其实理解起来，肩部区域只有两类重要的骨骼需要记住，一个是肩胛骨，另一个是锁骨，它们都是在皮肤表面特别容易形成结构的骨架。人体肩部结构图示如图 2-6 所示。

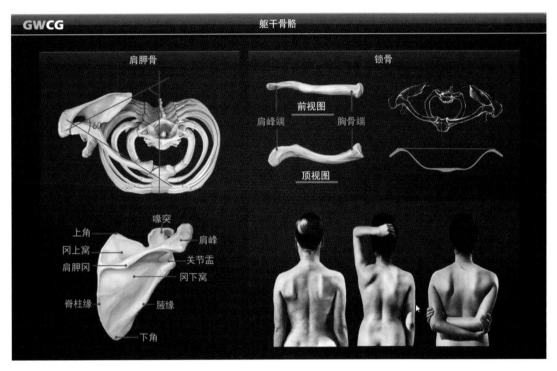

图 2-6　人体肩部结构图示

　　锁骨包含胸骨端和肩峰端，从顶视图上来看，形状仿佛是一张弓，分别衔接在胸骨柄和肩胛骨的肩峰之上。在人的正常状态下，锁骨的弯曲角度为60°，所以人物的手臂区域从侧面上看，应该是靠近后背的。这也是很多人在绘画或者雕刻时需要注意的地方。锁骨在皮肤下特别明显，结构突出。如图 2-7 所示，雕刻艺术作品时，尝试去突出锁骨结构，往往能够获得非常好的效果。

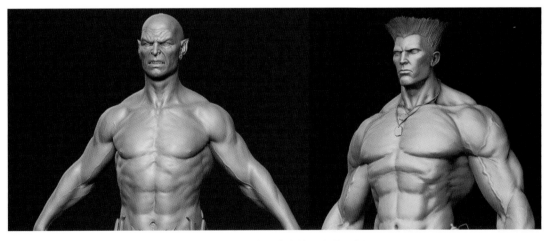

图 2-7　数字雕刻艺术作品半身示例

　　肩胛骨是一块三角形的片状骨头，其主要表现在人体的背部区域，图 2-6 中有较好的诠释。当人的手臂自然垂下时，肩胛骨在皮肤上表现为较为明显的垂直硬切线条，然后让手臂沿着腋部斜线向上到肩部，肩胛骨这块背部区域几乎没有什么肌肉，所以在皮肤表面上的形态特征很容易就可以观察到。肩胛骨同样也是在雕刻躯干背面时一开始就要去塑造出来的地方。

　　手部骨骼主要分为手臂和手掌。对于手臂而言，主要是由两段三根主要骨骼组成的。它们分别是上臂的肱骨以及下臂的桡骨与尺骨。手臂在皮肤表面形成的结构主要是依靠肌肉，所以在这里并不过多研究。

　　手掌部分的骨骼是由和手臂相连的腕骨出发，延伸出大拇指关节与其他四个指部关节。掌骨在皮肤表面看似整体的一块，而实际上它们是一根根独立衔接自己的指骨，所以在观察手掌背面的时候，发现有明显一根根的起伏痕迹。在雕塑怪物以及老人的时候，可以突出表现这一部位的特征。人体手部结构图示如图2-8所示。

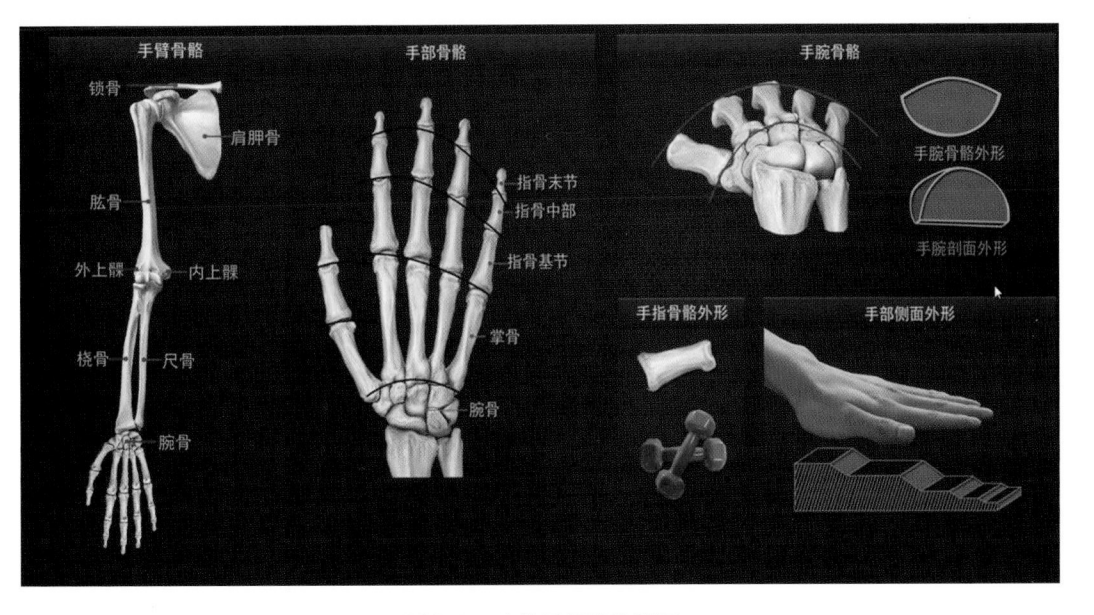

图2-8　人体手部结构图示

单从手掌顶视图去观察，可以把大拇指单独分离出来。这是因为它和其他手指的伸展方向不同，运动形态也不同。它是从侧面伸展出来的，在运动时，其他四个指头的主要运动模式是向手心垂直蜷曲，而大拇指则是横向蜷曲，这样才能很好地抓取物件。数字雕刻艺术作品手部示例如图2-9所示。

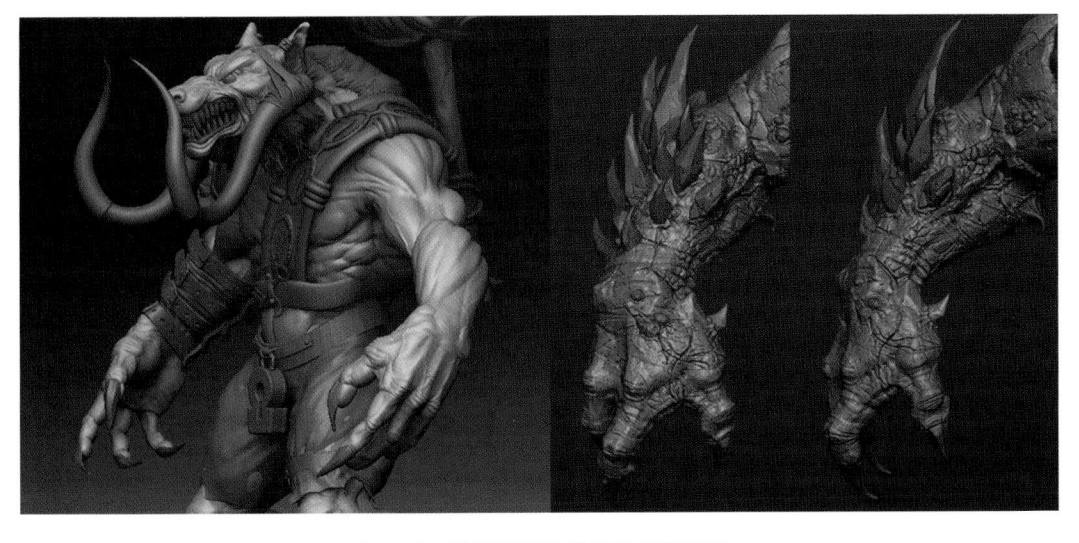

图2-9　数字雕刻艺术作品手部示例

腿部骨骼同手臂一样，也是分成两段三根骨骼组成的。它们分别是上半段的股骨和下半段的腓骨以及胫骨。在皮肤表面的结构表现上，腿部同样是以肌肉为主，不过在人的膝盖部分，髌骨与其他骨头在大腿弯曲时能够很清楚地观察到，这个区域的结构，是我们需要去细致观察和表现的地方。

脚踝和脚掌是我们最不熟悉的，因为它们通常都在鞋子里面，不过一旦我们需要去雕刻一个赤脚的角色，对于脚部结构的理解就显得很有必要了。脚踝区域分成内、外两个部分，在皮肤表面有明显的隆起形状，而内部脚踝隆起部分比外部脚踝要高一些。脚掌上的五个脚趾骨骼同样也是单独的，脚掌大拇指骨骼和手掌的不同，脚掌大拇指和其他脚趾的动作方向一致。人体腿部结构图示如图2-10所示。

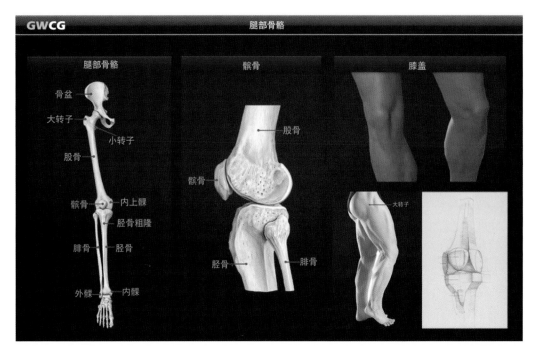

图 2-10　人体腿部结构图示

颁骨是我们最为熟悉，也是结构最丰富的骨骼区域。按照地域性来区分，亚洲人、非洲人、美洲人的颁骨会有些形态上的差异，这直接导致不同人种具有不同的形象特征。在这里我们不对它们的区别进行深究，单对颁骨的结构特征来进行细致的分析。我们今后在拿到一个雕刻案例之前，也不可避免地需要对它的特征来进行分析，以此来做到表现形似并且结构准确。人体头部结构图示如图 2-11 所示。

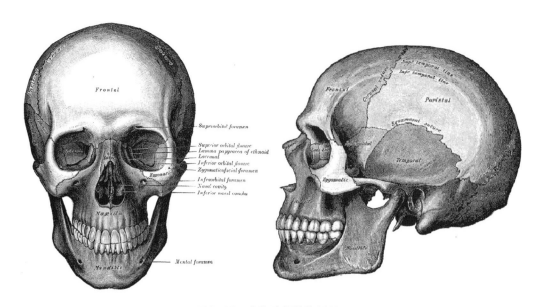

图 2-11　人体头部结构图示

颁骨的侧面直接确定了整个头部的形状，基本上我们在一开始确定大形时，就可以按照颁骨的形态去塑造人体头部的大形。从正面上来看，则可以确定三个大的环形，分别是两个眼眶的部分以及嘴部周围的结构。眼眶的上部分包含了眉弓、眉间、眶上缘等区域，它们直接决定了面部眉弓区域的结构形状，而眼眶内侧的鼻骨，下部向侧后方延伸的颧骨，都对面部形成了非常重要的结构支撑。观察侧面的眼眶，发现会比鼻骨以及眉弓区域要靠后不少，并且会向边缘有个旋转坡度，所以人的眼部在侧面看来，绝对不会是笔直的一条线，而应是有自己的形状特征，一般来说就是越靠鼻骨处越接近于平行，越向外越倾斜。而且在雕刻欧洲人的时候，眼部内陷的情况会更为明显，这都是因为欧洲人种的鼻骨较为挺拔，而眼眶则相对更靠后一些。

下颌骨是相对独立的头骨结构，控制了整个下巴区域以及下排牙齿的咬合。所以人在说话以及咀嚼食物时，一般是嘴的下半部分在做运动，而上排牙齿运动幅度很小。下颌骨运动以髁状突为轴心进行旋转。脖子区域主要的结构都为肌肉包裹住衔接颅骨的脊椎骨骼，所以针对这块描述的重点放在下一节来进行。

从图2-12中可以看到，干瘦的头部形象，更能够表现出颅骨的结构特征。咕噜姆的眼部突起，颧骨结构也特别明显，依稀可以看到整个颅骨在皮肤表皮下的形态。而图2-13则是典型的欧洲人结构特点，眼眶结构内陷较深，显得眉弓更有结构和力度，鼻骨也突起明显，所以欧洲人的鼻梁往往较为挺拔。

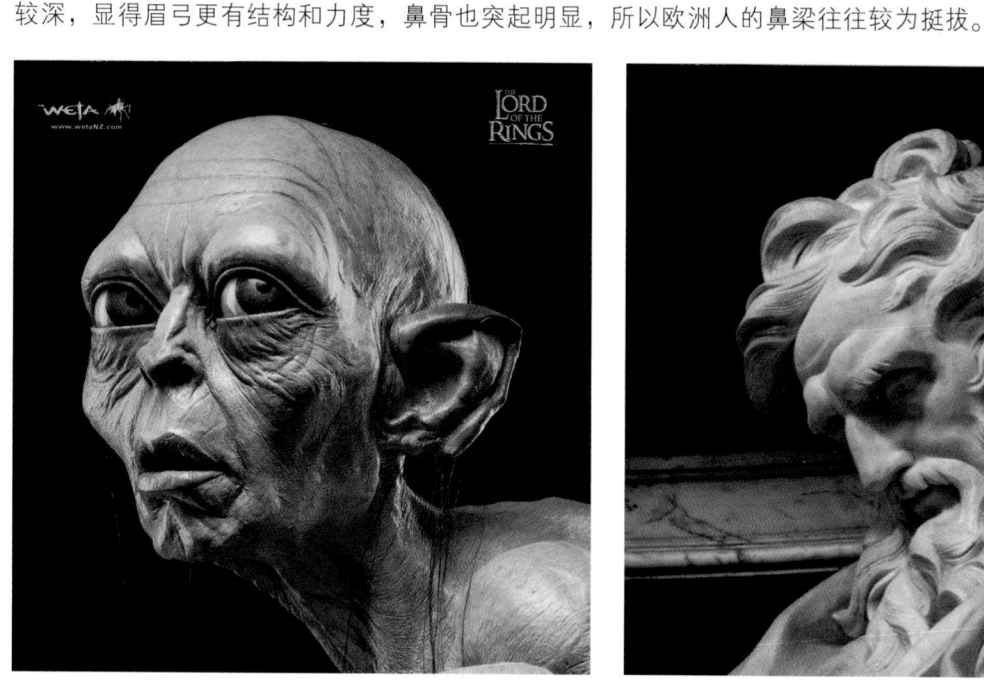

图2-12　咕噜姆头雕作品

图2-13　欧洲人物雕塑作品

第三节
人体肌肉结构分析

如果说骨骼结构在雕刻中是形体基本构造的展现的话，那么肌肉结构的雕刻则是丰富细节的展现。人体表面肌肉繁多，如果对它们不熟悉，在雕刻中就会非常茫然，在细节表现上也会难以让人信服，作品失败是可想而知的。文艺复兴时期的雕塑大师在处理艺术作品时，力求在肌肉运动的张力中去寻求人物形态上的线条与美感，这需要对人体肌肉特征烂熟于心，闭眼就可以随心所欲地去表达。因此，学习本节知识是非常有必要的。

肌肉的结构往往会直接影响皮肤的结构形状，这是因为它与骨骼相比更靠近皮肤表面，所以在分析肌肉结构的时候，记忆它的几何形状特征显得尤为重要，因为雕刻时，这些都是让作品更有说服力的表现之处。

躯干的肌肉从正面来看，只有四大块较为明显的肌肉区域，它们分别是表现胸部肌肉的胸大肌、表现腹部肌肉的腹直肌、表现腋窝向下的前锯肌，以及腹部侧面类似于条状肌肉的腹外斜肌。

　　胸大肌在整个胸部表现中的重要性不言而喻，它是最能展现男性体型的胸部肌肉。从形状上来说，它是一块六角形的片状隆起的肌肉块。靠近锁骨区域较为平坦，而靠近腹直肌区域隆起以及转折更为明显一些。胸大肌左右两片中间区域是类似于剑状的胸骨体，所以它们中间也会出现明显的沟状结构，同样也比较平缓。人体躯干正面肌肉结构图示如图 2-14 至图 2-16 所示。

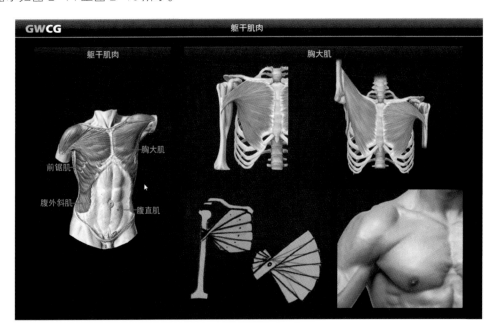

图 2-14　人体躯干正面肌肉结构图示（1）

　　腹直肌也是衡量人体是否健硕的一个标准，其通俗来说就是人们经常提到的腹部的 8 块肌肉。在表现上，注意观察图 2-15 的腹直肌示意图，这 8 块肌肉并不是像豆腐块一样平行排列的，它们具有一定的倾斜度。只有靠近肚脐的部分是平坦的，而越往上的肌肉块越倾斜，并且逐渐变窄。由此可见，在胸大肌下部的两块肌肉倾斜度最高，而且形状也是最窄的。从侧面来看，腹直肌也不是平坦的，它会有一个由胸大肌下部开始隆起然后向腹部凹陷，再随盆骨向下微微凸起的形状特征。

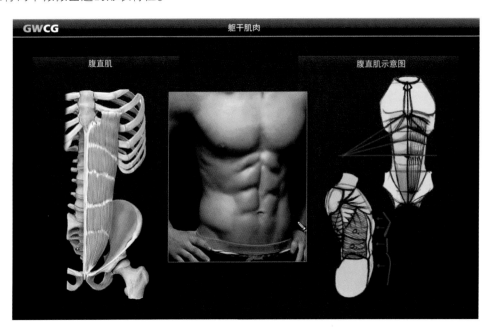

图 2-15　人体躯干正面肌肉结构图示（2）

前锯肌在躯干的形状表现上也较为明显。它主要是在躯干的侧面,依附于肋骨上一条条像树叶形状的鼓起肌肉群。从侧面去观察,前锯肌是扇状的分布形态。

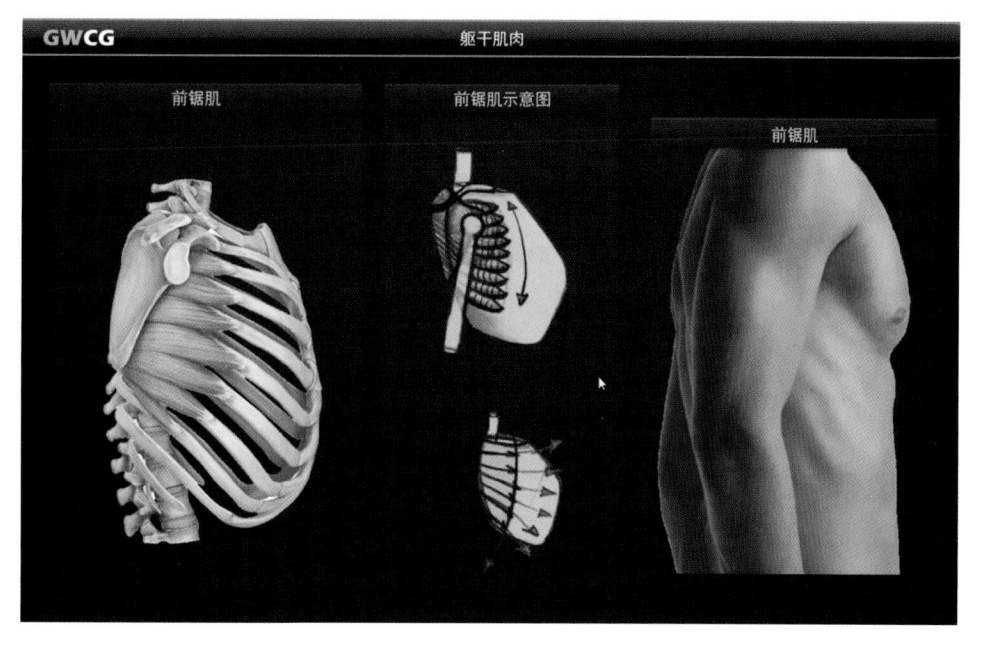

图 2-16　人体躯干正面肌肉结构图示(3)

躯干的背面需要记住的肌肉主要有三个大的区域,它们对皮肤表面的形状有明显的影响,分别是靠近肩部和颈部的斜方肌、后背的背阔肌,以及肩胛部位的冈下肌、小圆肌和大圆肌肌肉群。人体躯干背面肌肉结构图如图2-17 所示。

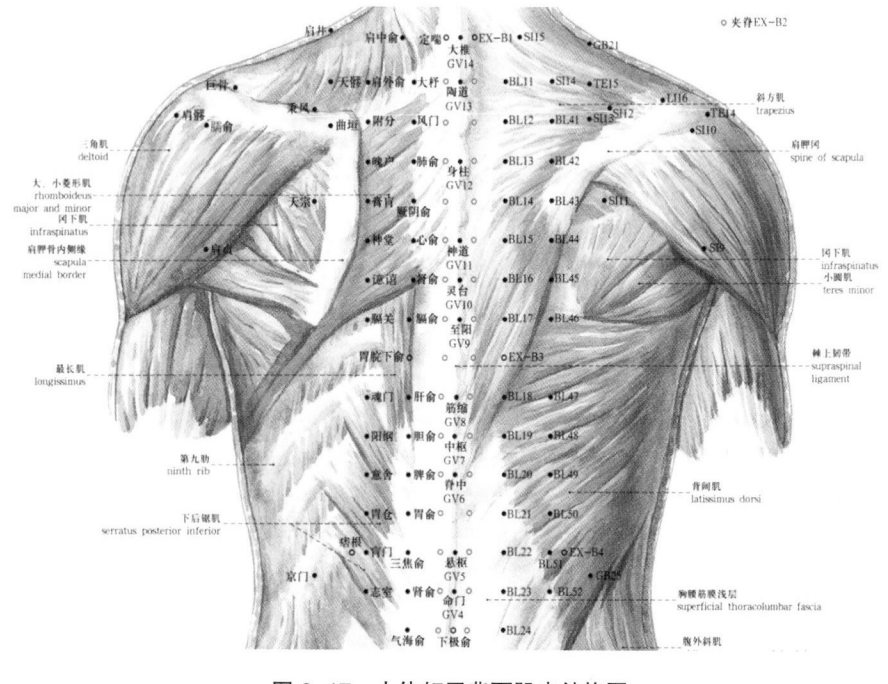

图 2-17　人体躯干背面肌肉结构图

对比图 2-17 和图 2-18 可以看到,斜方肌从肩部到颈部延伸至背部中段,它呈三角形形状。斜方肌对于颈部的结构塑造是非常重要的,在颈后部一直向上衔接颅骨,形状上圆润粗壮,左右对称,并以脊椎为中心有较为明显的凹陷。鉴于其重要性,在雕刻背面结构时务必首先确认斜方肌的大形。

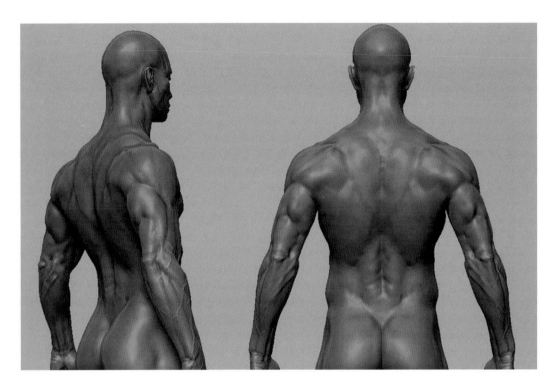

图 2-18   人体躯干背面雕刻效果图

背阔肌处于斜方肌的下部，是左右两块对称的片状肌肉，在图 2-18 中有较为明显的表现，也是需要去记住形状的背部肌肉。需要注意的是，如图 2-19 所示，背阔肌靠近臀部的标注白色肌肉区域，因为受到下面底棘肌肌群的影响，从而具有明显的隆起形状，和左右两边的片状肌肉形状区别明显。

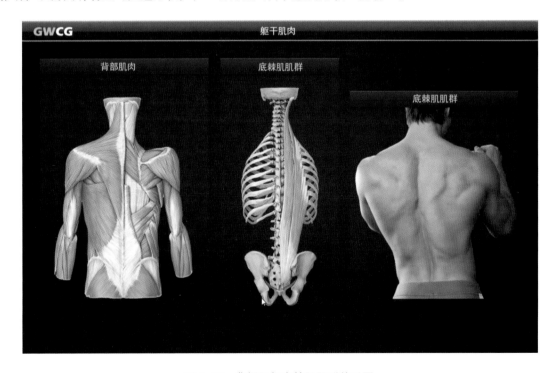

图 2-19   背阔肌与底棘肌肌群关系图

肩胛部位的冈下肌、小圆肌以及大圆肌肌群，是手臂的三角肌、斜方肌以及背阔肌中间露出的一块肌肉区域，虽然范围不大，不过在皮肤表面上同样较为明显，所以也需要表现得比较清楚。在形状上，冈上肌可以理解为斜方肌和三角肌中间一块椭圆形片状肌肉。而大圆肌呈斜长条状，中间微鼓，位置处于背阔肌之上以及三角肌之下。小圆肌处于上冈肌的右边、大圆肌的上部，大部分都被三角肌压住，所以几乎可以忽略不计了。斜方肌与肩胛部位肌肉对比图如图 2-20 所示。

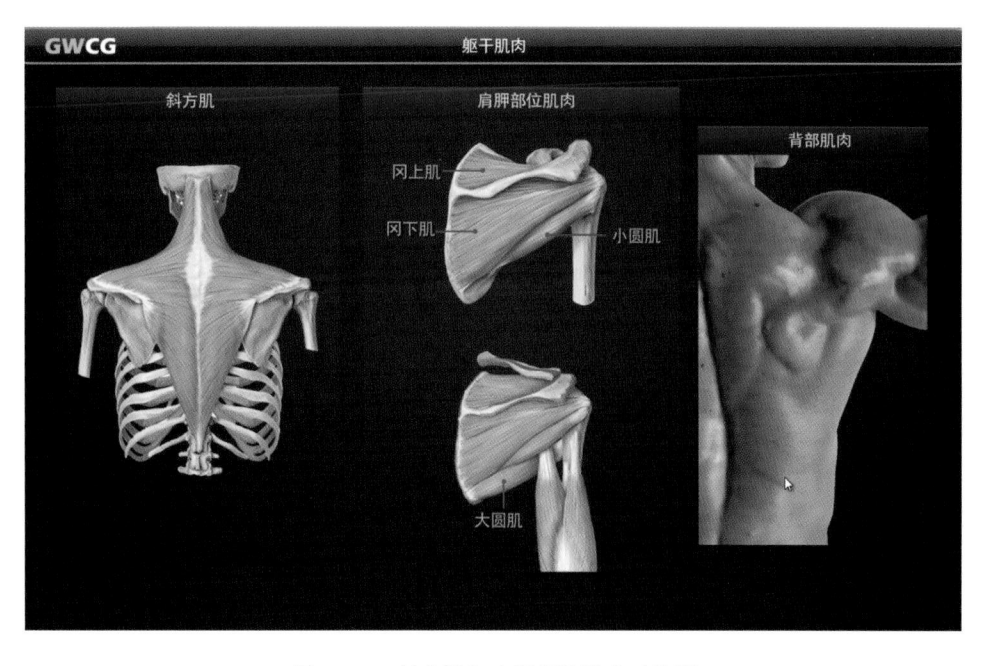

图 2-20　斜方肌与肩胛部位肌肉对比图

手臂肌肉比较复杂，可尽量从影响皮肤表面结构的肌肉来分析，从位置上来划分，可以分成上下两段。上段肱骨区域主要需要理解三角肌、肱二头肌以及肱三头肌的形状结构，而下段尺骨、桡骨区域较为明显的则是肱桡肌、尺侧腕屈肌、桡侧腕长伸肌和桡侧腕短伸肌。三角肌结构图示如图 2-21 所示。

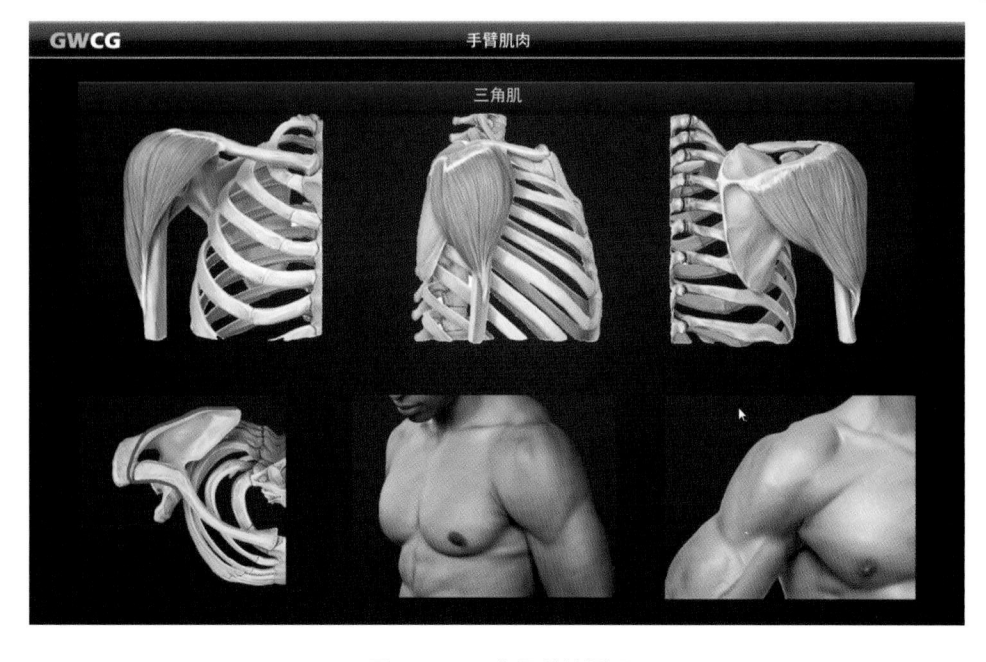

图 2-21　三角肌结构图示

三角肌是衔接肩部与手臂的肌肉，如其名，从正面、侧面、背面三个角度来看，其都呈三角状依附于锁骨和肱骨之上。三角肌从身体侧面来看为较为圆润的桃状形态，而身体正面因为和胸大肌之间的位置关系，比身体背面要窄一些。三角肌在手臂结构上是最为明显的肌肉之一，需要牢牢记住它的形状。肱肌、喙肱肌、肱二头肌结构图示如图 2-22 所示。

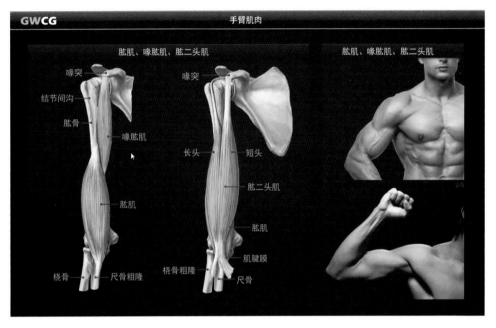

图 2-22 肱肌、喙肱肌、肱二头肌结构图示

　　肱骨上第二个较为明显的肌肉则是肱二头肌。它在肱肌和喙肱肌的上面，所以肱二头肌的形态是依附于它们呈中间宽上下窄的长条状肌肉。肌肉组织发达的人常常将手臂举起，手肘向内收缩呈握拳状，以表现阳刚之美，而这种姿态最突出的肌肉就是肱二头肌，如图 2-22 右图所示。肱二头肌从位置上来分析，是在手臂自然下垂靠内的半圆形区域，较为宽阔。手臂举起肌肉翻转向上时，细长短头是延伸到三角肌下面的，是雕刻此姿态时需要注意的地方。肱肌从侧面上来看，也会有一节长条形肌肉露在外面，也需要注意它的形态。

　　肱三头肌从位置上来理解，是在手臂自然下垂靠外的半圆形区域，如图 2-23 手臂所示，当手臂翻转肱二头肌向前时，观察肱三头肌从背部分析最为清晰。从形态上来看，肱三头肌仿佛是两个保龄球瓶重叠在一起，较尖

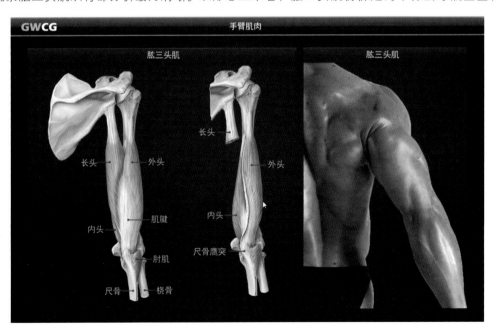

图 2-23 肱三头肌结构图示

的头部向两边伸出，所以肱三头肌靠近手肘部分隆起非常明显，这是肱三头肌的内头部分，向上延伸的长头会有明显凹陷结构。肌腱部分是支撑肱三头肌隆起的主要形态，向上的外头和长头之间有一个弧形的凹陷转折。

如图 2-24 所示，单从上臂肌肉来分析，红色是三角肌，紫色是肱二头肌，咖啡色是肱三头肌，而中间的绿色部分则是露出的一节肱肌，大家可以从此图中仔细分析这几块肌肉在各个角度上所处的位置，也可以从图 2-25 中去分析上臂各部分肌肉结构在皮肤上的表现效果。

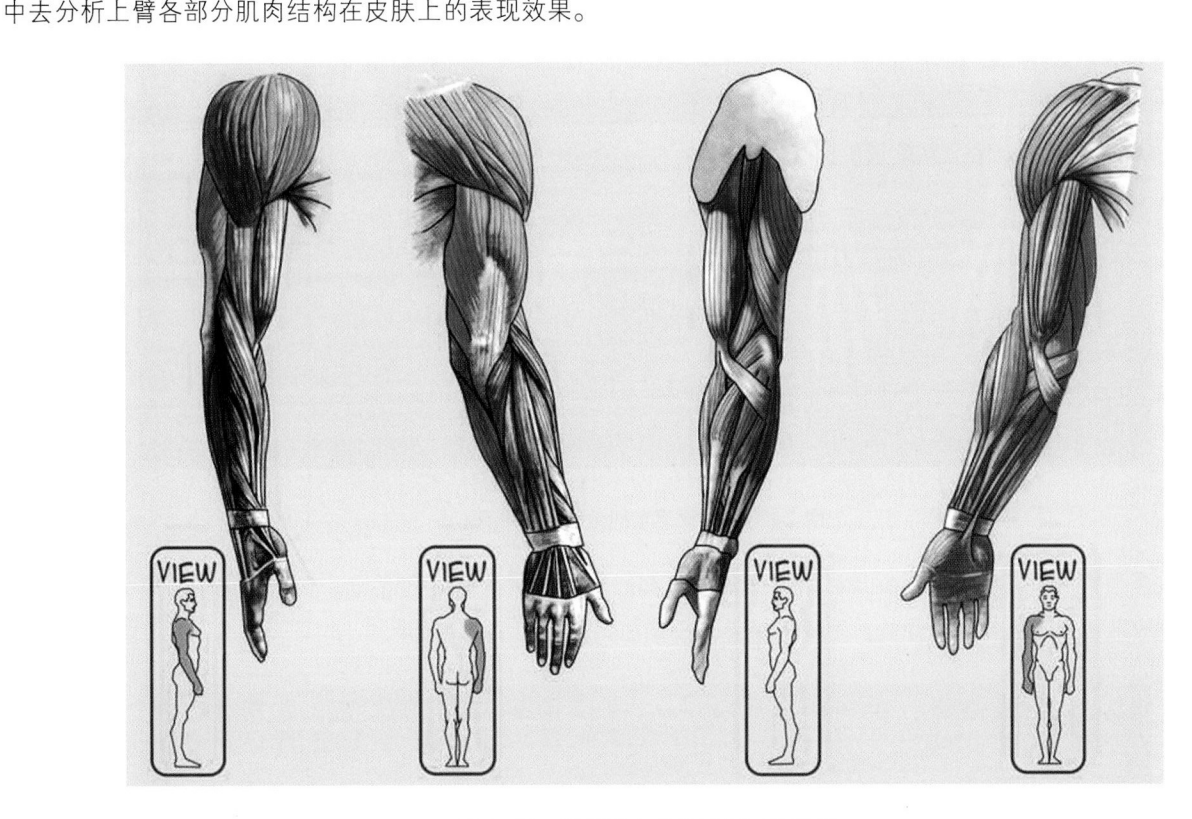

图 2-24　手臂肌肉多角度剖面分析图

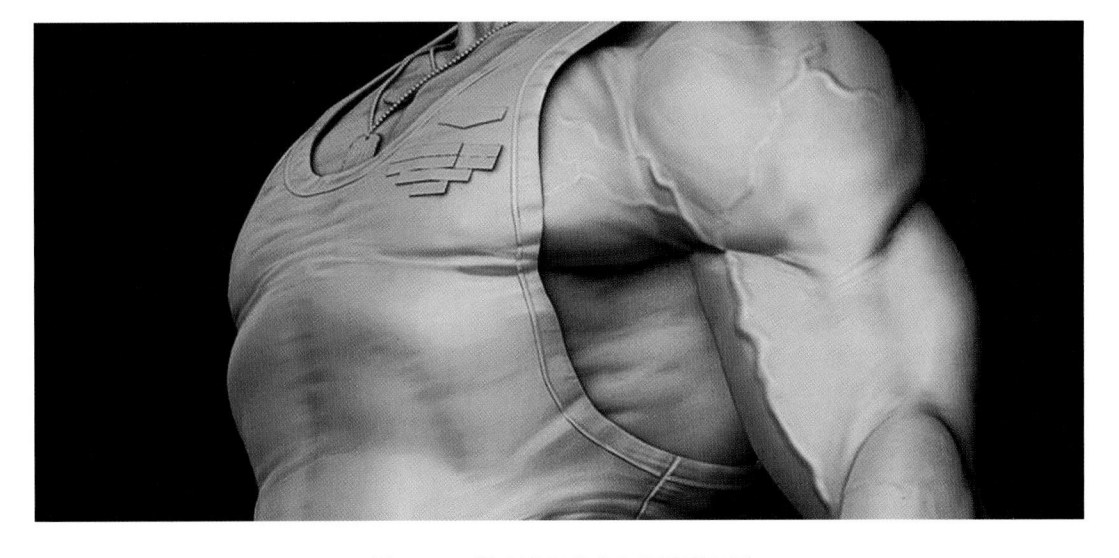

图 2-25　数字雕刻艺术作品手臂示例

下臂有尺骨和桡骨，下臂肌肉围绕着这两块骨头来进行分布，一般来说可以分成伸肌群和屈肌群。从位置上来看，伸肌群处于手臂背面（手背），屈肌群处于手臂正面（手掌），不过下臂经常会做力旋转，因而对于屈肌群和伸肌群的位置，还需要准确、仔细地判断。

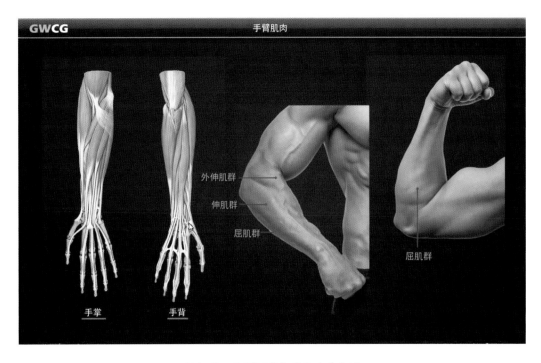

图 2-26 手臂下半部分肌肉分布图

首先来看手掌的肌肉群，可以发现，手掌对皮肤表面影响比较明显的旋前圆肌、桡侧腕屈肌、掌长肌，都是由内上髁呈放射状向下延伸到腕骨的。手臂下半部分手掌面肌肉如图 2-27 所示。

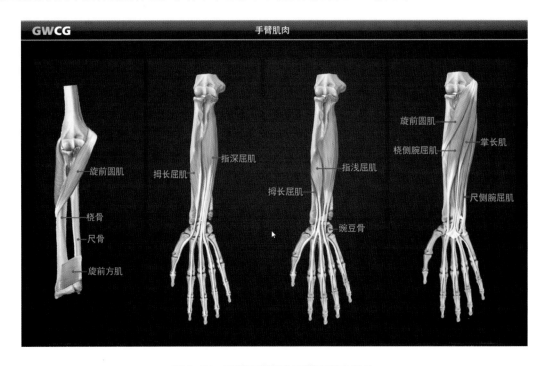

图 2-27 手臂下半部分手掌面肌肉图示

而在小拇指一侧，有块旋转延伸到手背的长条状肌肉，称尺侧腕屈肌。它的手腕部分细长而手肘部分较为宽阔，在观察它的形态时，需要注意它在手背上的位置。与之相同的，依附于桡骨上的桡侧腕长伸肌主要处于大拇指一侧的侧面，从手掌方向上去看，它处于旋前圆肌的左边，一直向上延伸到手肘部位。手臂下半部分手背面肌肉如图 2-28 所示。

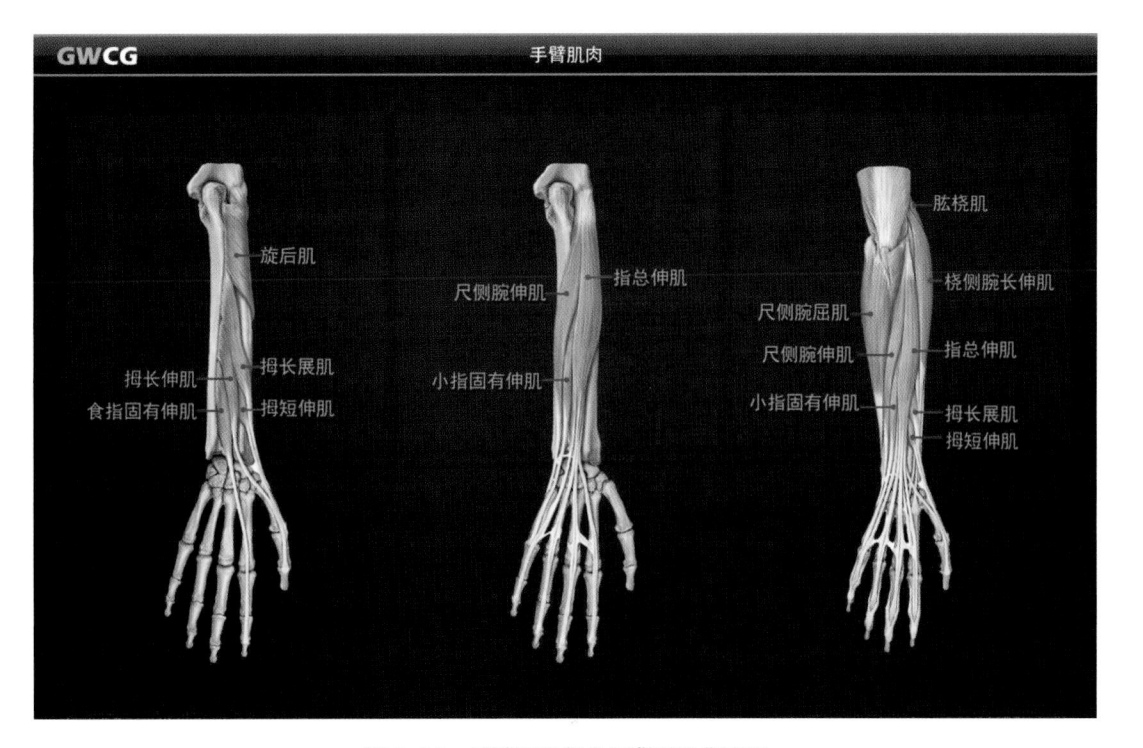

图 2-28　手臂下半部分手背面肌肉图示

手背面的肌肉除了上文提到的尺侧腕屈肌以及桡侧腕长伸肌以外，就是处于它们中间部位的三块肌肉群，如图 2-28 中间图所示，分别是左边的尺侧腕伸肌和右边的指总伸肌以及中间一小块衔接小指头的小指固有伸肌。从手背来进行观察，正好形成图 2-28 右图的形状，可以将其概括成几何形体来进行记忆。需要注意的是，由肱骨连接到桡骨的手肘部分的肱桡肌，衔接上下手臂，在手背部分的鼓起非常明显。

对于复杂的手臂肌肉，需要多做观察剖析，掌握规律，然后记住主要肌肉的形状和位置，在雕刻的时候才能做到得心应手。数字雕刻艺术作品《狼人》如图 2-29 所示。

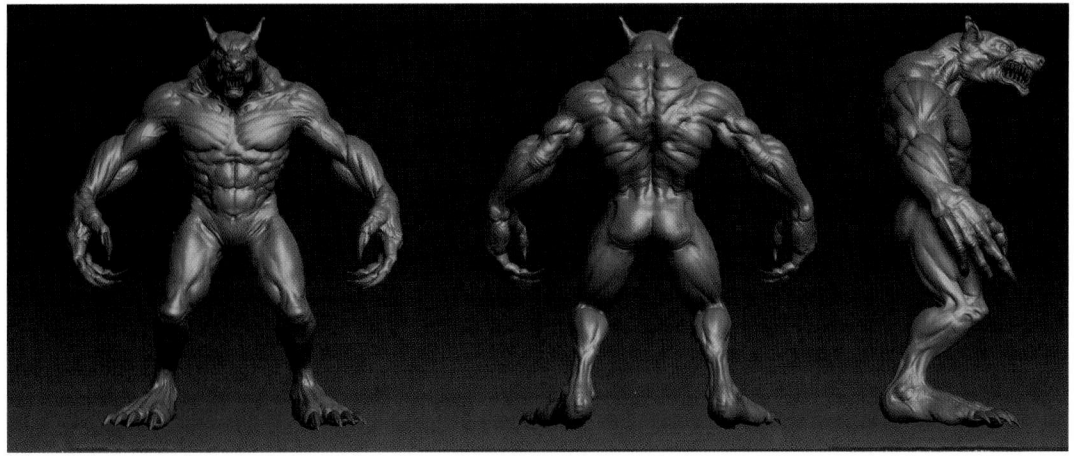

图 2-29　数字雕刻艺术作品《狼人》

腿部和手部同样分为上下两段，大腿部分肌肉以盆骨和股骨为依据来分布，小腿部分以腓骨和胫骨进行分布。

大腿肌肉正面结构如图 2-30 所示，从皮肤表面上来看，突出明显的是股直肌、股外肌、股内肌、阔筋膜张肌、膝盖韧带（髌骨）部位，以及需要记住形态的缝匠肌和股薄肌。其中最为明显的股直肌形似倒立的保龄球瓶，其底部衔接韧带和髌骨，所以基本被髌骨隆起形成中心宽两边窄的椭圆形形状结构。而股内肌的形状也几乎相同，需要注意其位置，较靠近大腿内侧。缝匠肌是由盆骨外侧斜入连接到膝盖内侧的一块长条状肌肉，它和大腿内部的股薄肌相连形成 V 字形，里面包含的耻骨肌、长收肌在皮肤上的表形并不明显，只需要记住它们隆起的关系即可。

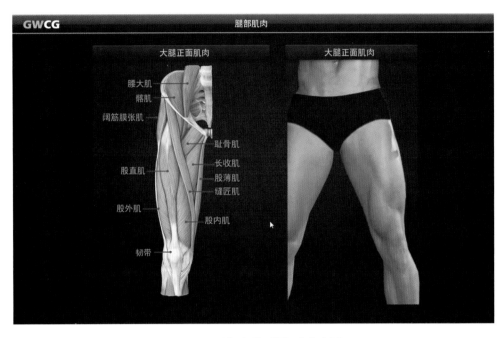

图 2-30　腿部大腿正面肌肉分布图

对比大腿的正面及侧面图，可以看到股直肌和股内肌在大腿侧面靠前较为显眼的位置，而 V 字形的缝匠肌和股薄肌处于大腿侧面靠近中心的位置，从盆骨靠前贯穿大腿到膝盖靠后的区域。而侧面大腿靠后的位置有两块肌肉分布，一块是鼓起明显的大收肌，另一块则由半腱肌和半膜肌组成。大腿侧面、背面肌肉分布图如图 2-31 所示。

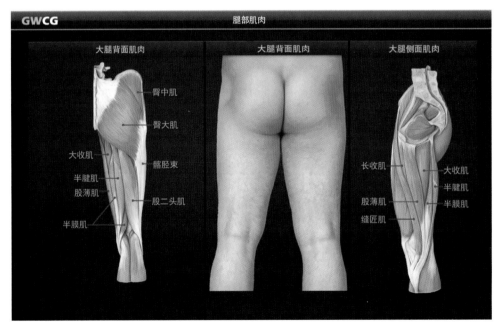

图 2-31　大腿侧面、背面肌肉分布图

大腿背面的肌肉主要分成侧面观察到的大收肌、半腱肌、股薄肌、半膜肌肌肉群，和与之平均分布的股二头肌，然后臀大肌和臀中肌也是较为明显的一块。大腿背面的肌肉结构非常明显，很容易记住它们的形状与特征。

需要注意的是膝关节部分股骨与胫骨相连接的地方，在皮肤上呈现的结构形状特别突出。

小腿相对于手臂下段来说，肌肉分布呈长条状，比较有规律。从小腿正面来看，细长的胫骨前肌处于中间部分，左右是小腿背面的腓肠肌。稍微注意一下小腿外侧的趾长伸肌，在脚踝的地方和胫骨前肌之间有较明显的起伏结构特征。小腿正面肌肉分布图如图 2-32 所示。

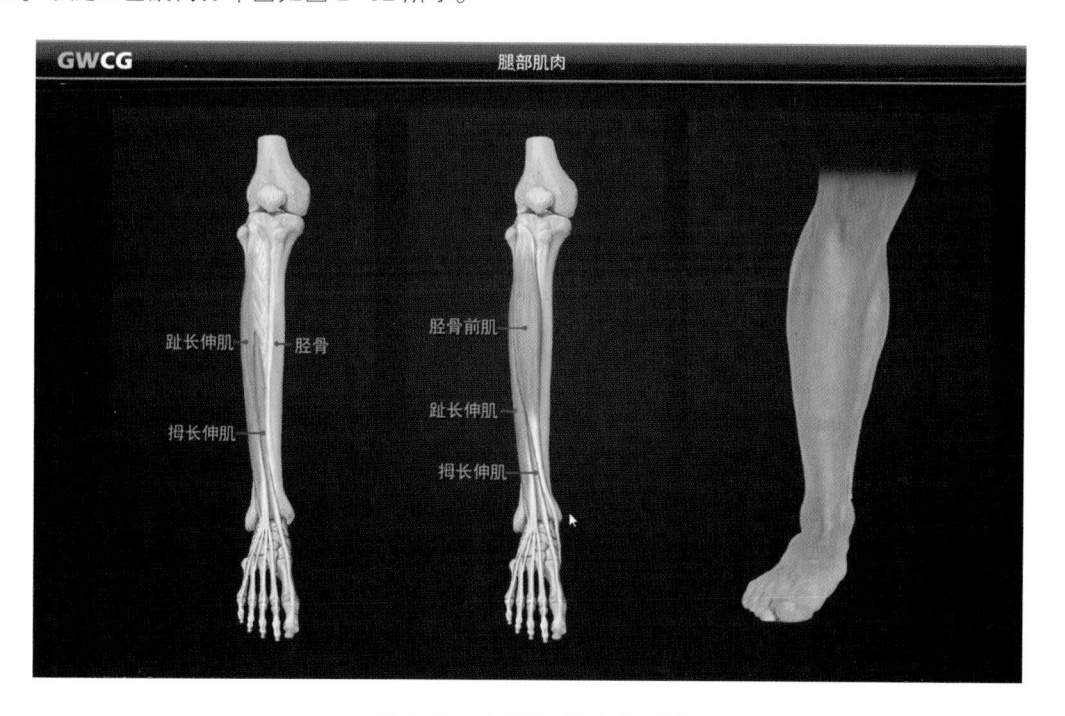

图 2-32　小腿正面肌肉分布图

小腿背面非常清晰，由股骨和胫骨相连之处出发，两块腓肠肌支撑着整个小腿背面的肌肉，跟腱区域较为狭长。从皮肤上来看，两块腓肠肌中间的起伏在小腿下半段会有细微的表现，但并不明显。小腿背面肌肉分布图如图 2-33 所示。

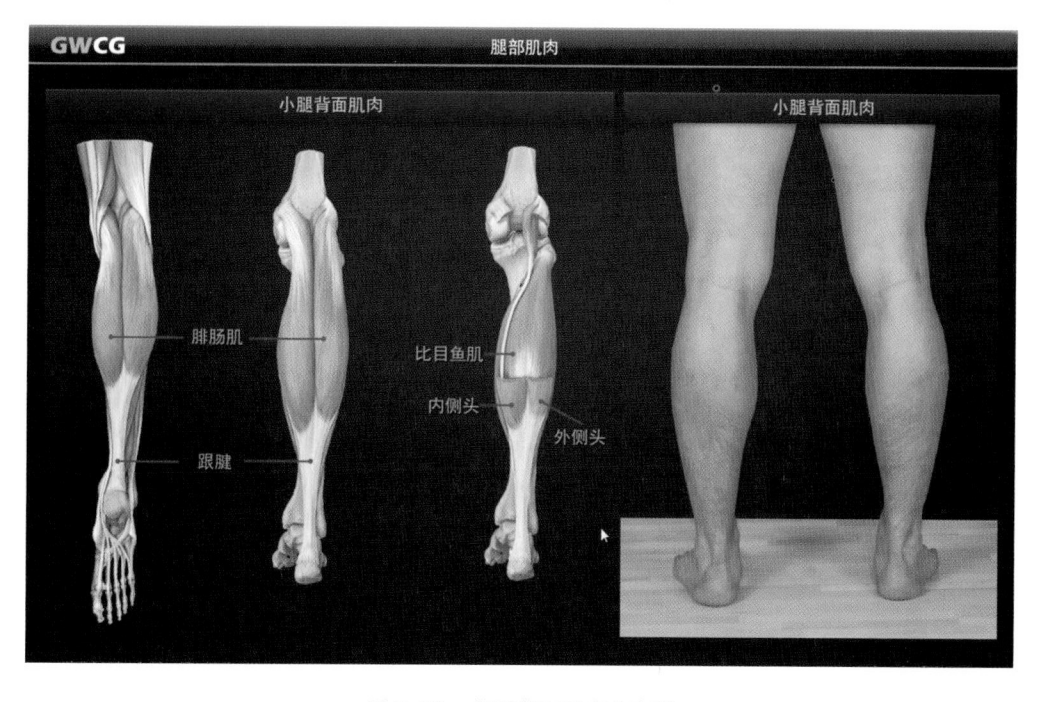

图 2-33　小腿背面肌肉分布图

小腿侧面除了腓骨长肌以外，其他肌肉都是前后都能够看到的肌肉。从皮肤形态上看，腓肠肌和胫骨前肌分别在小腿后面和前面有明显鼓起形态，位于小腿上半段，不过腓肠肌突出一些。腓骨长肌与大腿上部肌肉连成一线，所以也只是靠近膝关节区域有隆起，而在小腿下半区域比较平坦。小腿侧面肌肉分布图如图 2-34 所示。

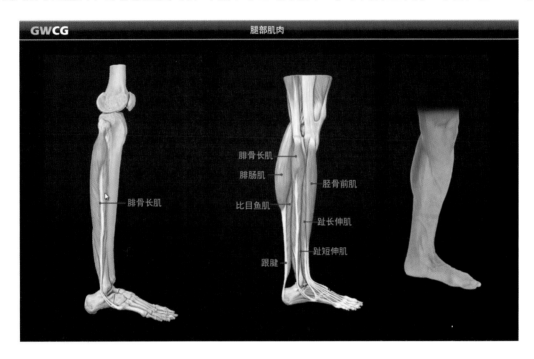

图 2-34　小腿侧面肌肉分布图

颈部肌肉结构也是不容忽视的地方，虽然简单，但是一定要在雕刻作品时交代清楚，因为颈部一般都是裸露在外的，所以观众很容易观察到。从图 2-35 来看，颈部突起最为明显的就是背后的斜方肌以及从后颅骨贯穿到锁骨的胸锁乳突肌。它们控制了颈部整个皮肤隆起的位置，这是在雕刻时一开始就要去确定的肌肉结构区域。而作为男性而言，脖子正中心的喉结部位，也是明显的结构特征之一。颈部肌肉结构分布图如图 2-35 所示。

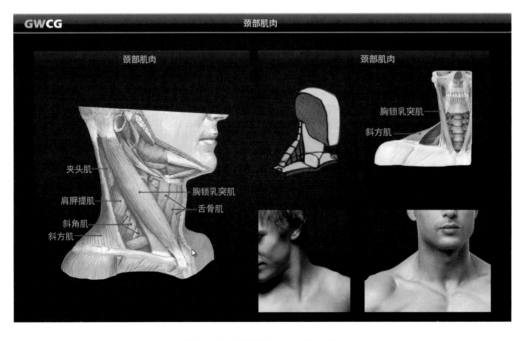

图 2-35　颈部肌肉结构分布图

　　人体骨骼及肌肉的结构丰富而庞杂，本章的介绍只是基于艺术的观察和有助于数字雕刻的表现。更多的一些细小以及内在的结构，还需要大家今后在制作艺术作品时去仔细推敲。细节决定成败，对于强调细节表现的数字雕刻艺术更是如此，所以多看、多记、多思考，比盲目地去做东西要重要得多。数字雕刻艺术作品鉴赏如图2-36所示。

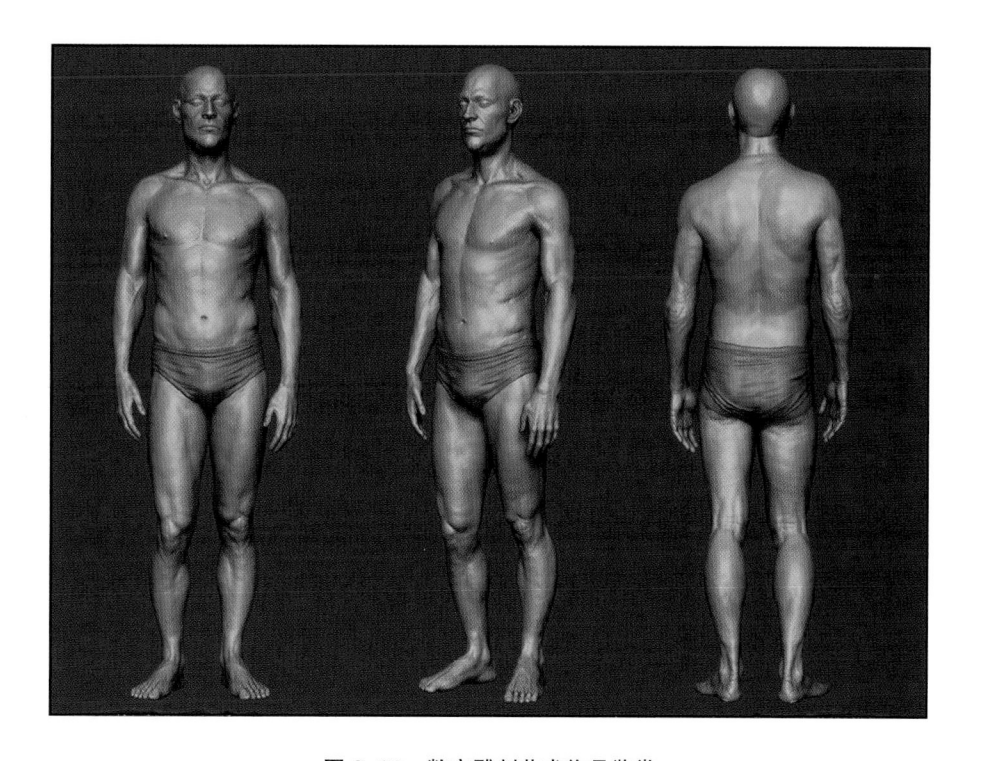

图2-36　数字雕刻艺术作品鉴赏

第三章

"野蛮人"实例

"YEMANREN" SHILI

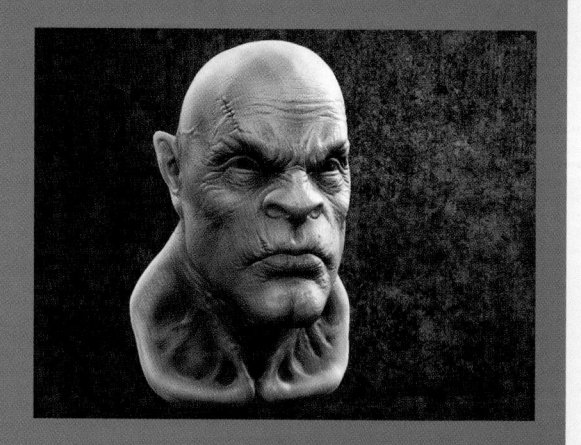

第一节
制作前的准备

 这一章通过实例制作，讲解 ZBrush 软件中角色头部模型的雕刻制作。在开始制作前，需要先收集和整理一些合适的参考图，或者按照自己的想法画一些设定图。通过图片素材来观察与分析"野蛮人"这个角色的一些特点，以方便在制作中能很好地体现这个角色的外形与特征。参考图如图 3-1 和图 3-2 所示。

图 3-1 参考图 1

图 3-2 参考图 2

参考图的收集与分析，对雕刻制作是很有必要的。它可以让我们在雕刻制作中做到有的放矢。大家在以后的学习和雕刻制作中，要养成这一习惯。

为了方便在雕刻制作中更好地进行模型的形体塑造和观察，可以在网上下载并安装一些材质球，ZBrush 软件的材质球格式后缀为 ".ZMT"，如图 3-3 所示。

图 3-3　ZBrush 软件的材质球格式后缀为 ".ZMT"

把下载好的材质球文件，拷贝到 ZBrush 软件安装目录中的 Materials 文件夹中，如图 3-4 所示。

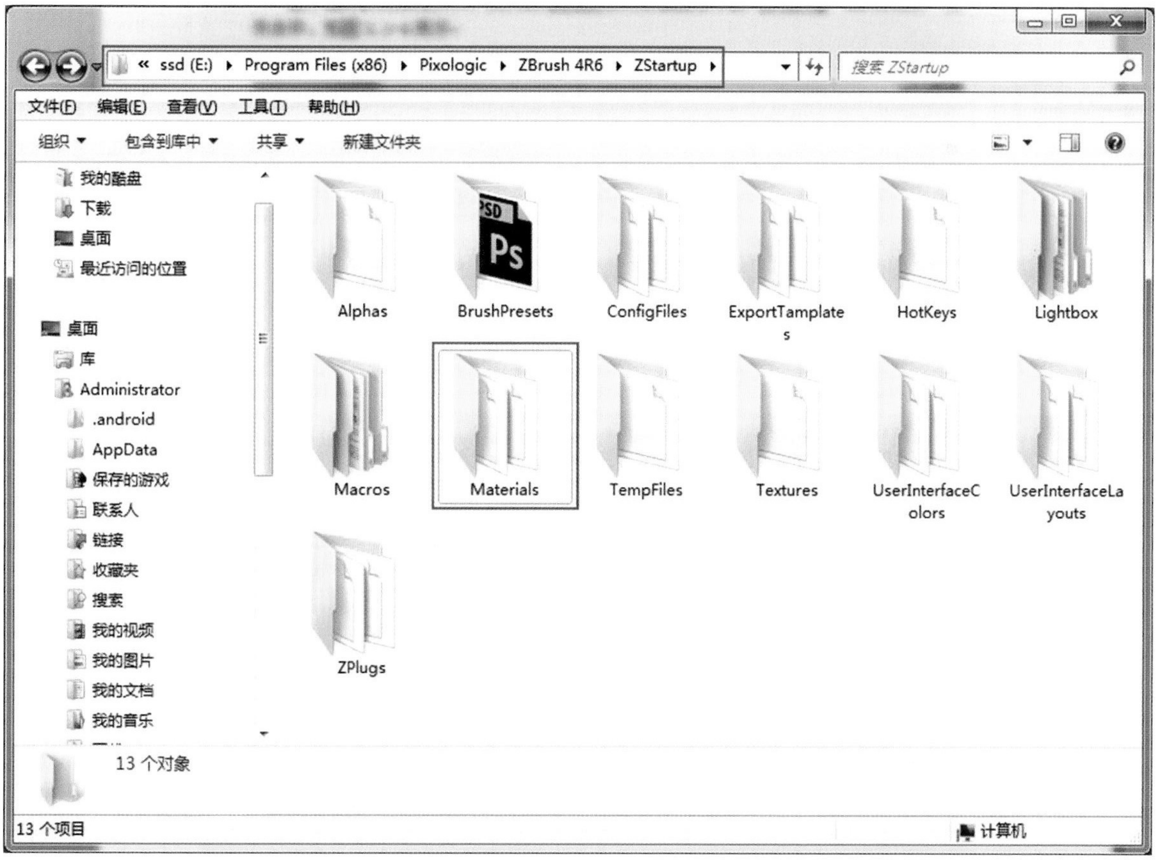

图 3-4　拷贝到 Materials 文件夹中

第二节

"野蛮人" 模型雕刻

1. 形体塑造

在 ZBrush4R6 软件中，点击 Tool 菜单中的 SimpleBrush 命令，选择一个 3D 几何体 "球体" 作为基础模型，如图 3-5 所示。

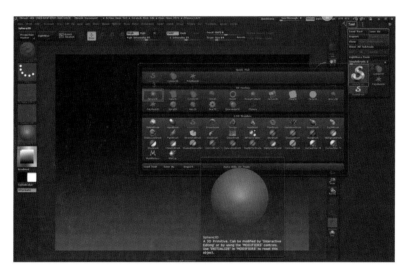

图 3-5 基础模型

在 ZBrush 软件操作区域中，按住鼠标左键并移动，拖曳出球体。再点击 Edit 命令进入编辑模式，如图 3-6 所示。

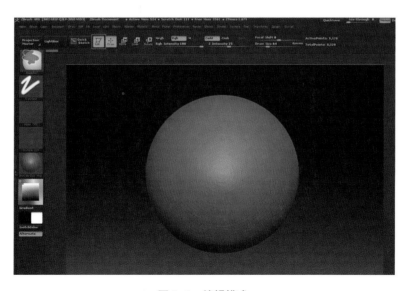

图 3-6 编辑模式

在 Tool 菜单中，点击 Make PolyMesh3D 命令，把几何体转换成可编辑的 3D 网格模型，如图 3-7 所示。

图 3-7　转换成可编辑的 3D 网格模型

点击右导航栏中的 PolyF 命令，可以在视图中显示或关闭模型的网格，通过观察可以发现，球体的网格线在模型的上下顶端会聚集在一起，形成"极点"。这对角色类的模型制作来说，在形体塑造上有很大的影响。极点如图 3-8 所示。

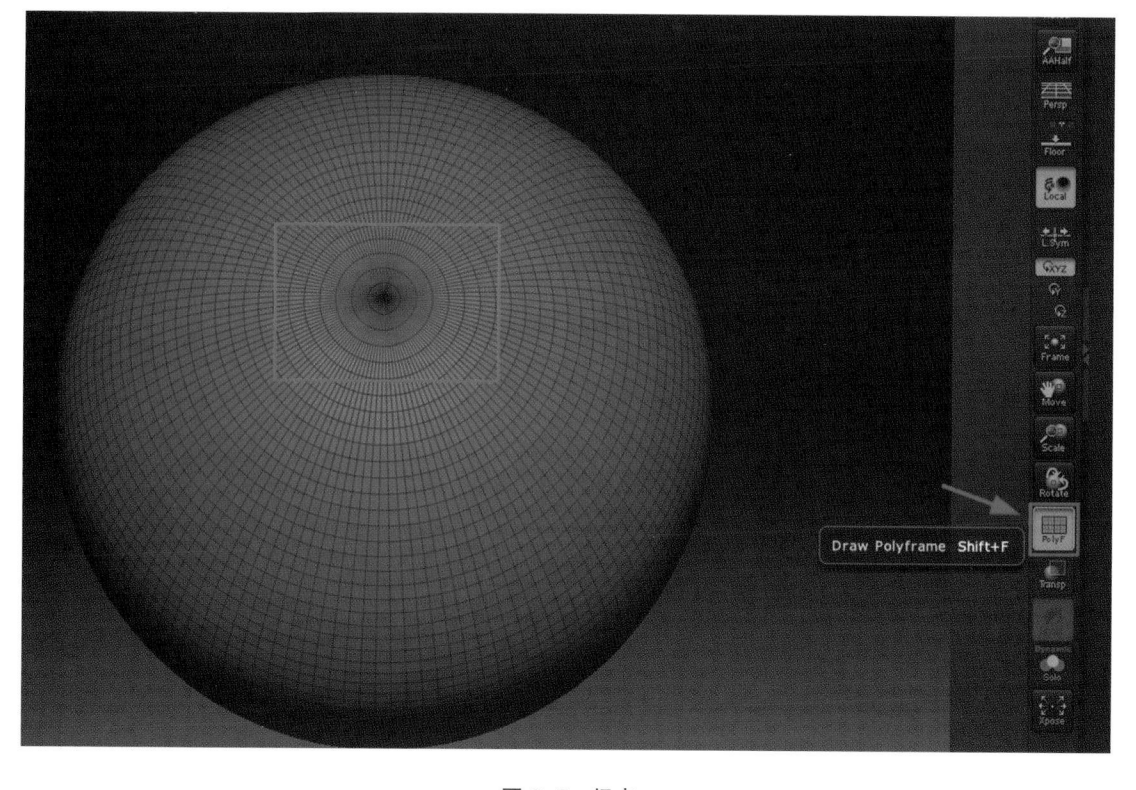

图 3-8　极点

为了解决这一问题，在 ZBrush4R6 版本中新增加了 DynaMesh "动态模型" 算法。它可以在模型上生成一个均一的网格线。在 Tool 菜单中，点开 Geometry 命令组，DynaMesh 参数命令集成在这个命令组中，如图 3-9 所示。

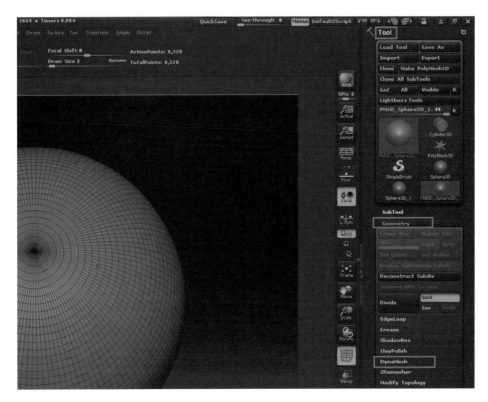

图 3-9　DynaMesh 参数命令集成在 Geometry 命令组中

DynaMesh 参数命令中，对模型布线影响比较大的参数是 Resolution "分辨率"。这个数值越高，模型表面单位面积内细分面数就越多。不同 "分辨率" 数值下，模型转换后表面细分面数效果，如图 3-10 所示。

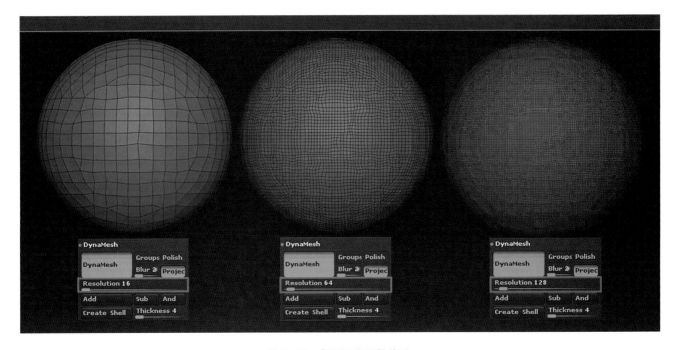

图 3-10　表面细分面数效果

模型细分面数的多少是随着模型的细节深入刻画而逐级增加的，在大形体塑造阶段，把 Resolution 的数值改为 16，然后点击 DynaMesh 转换按钮，就完成了模型"极点"的消除和布线均一化的转换，如图 3-11 所示。

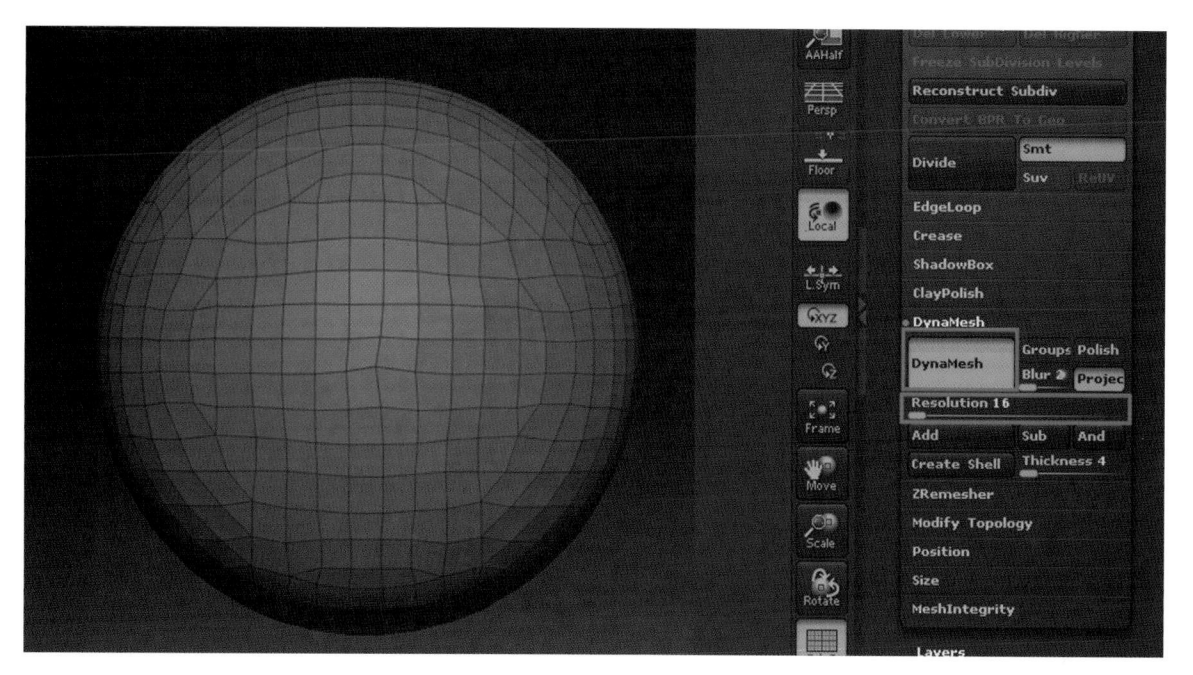

图 3-11　完成模型"极点"的消除和布线均一化的转换

模型制作中为了便于形体的观察，点开界面左导航栏中的 Material 工具，选取里面之前安装好的材质球，为模型更换一种便于制作和观察的材质，如图 3-12 所示。

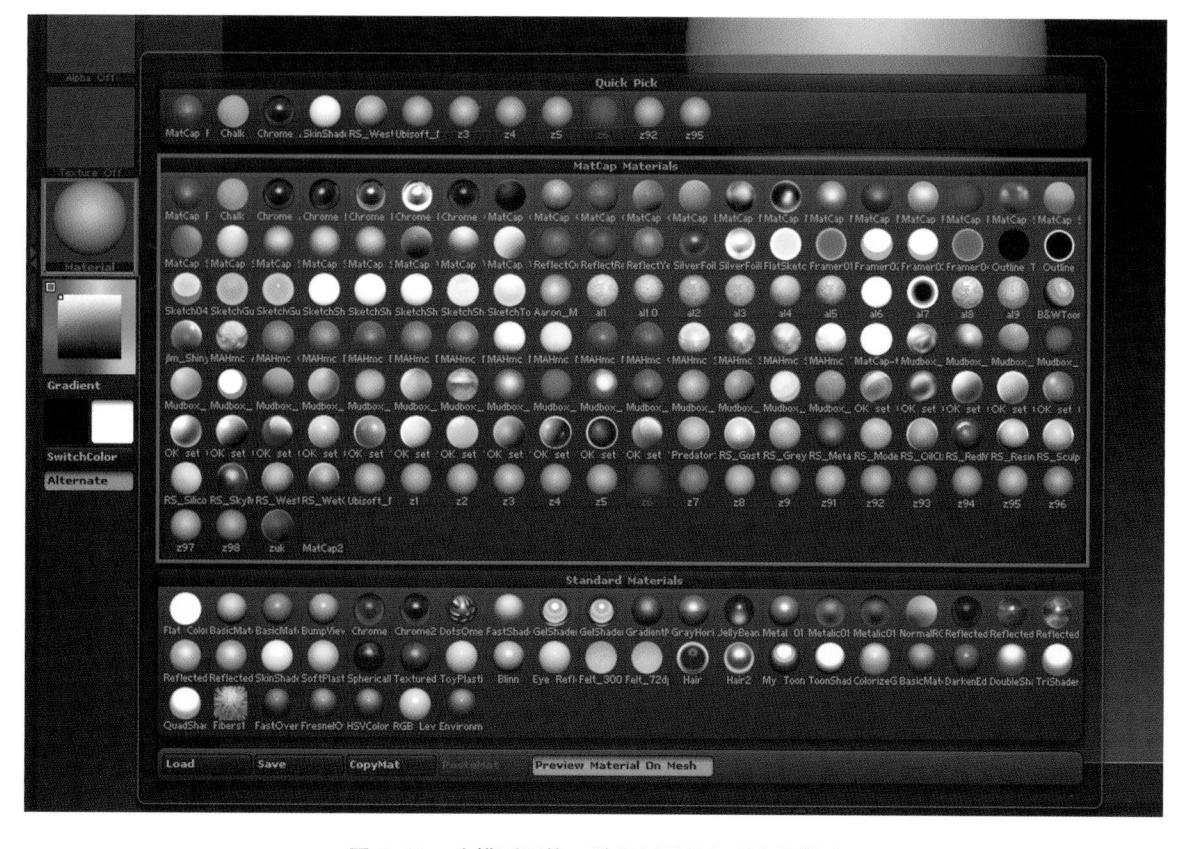

图 3-12　为模型更换一种便于制作和观察的材质

点击激活界面右导航栏中的 Persp 按钮，把视图转换成透视视图，并选取左导航栏中画笔工具里面的 Move 画笔，对模型进行大形体上的塑造，如图 3-13 所示。

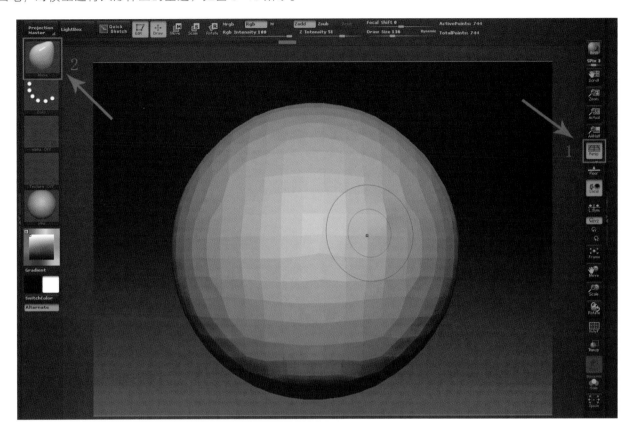

图 3-13　对模型进行大形体上的塑造

适当调整工具架中 Draw Size 的数值，增大或者减小画笔的绘制面积（按键盘上的"[ ]"中括号键，也可以调整画笔的大小），并按键盘中的"X"键，打开模型的对称雕刻。参考收集的参考图并结合头骨解剖结构知识，调整出头骨外形，如图 3-14 所示。

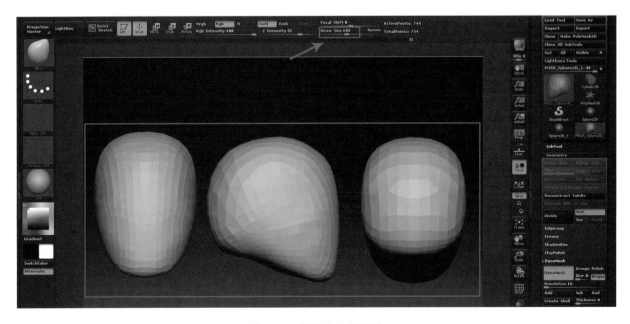

图 3-14　调整出头骨外形

在头部模型的基础上，把脖子制作出来。按住 Ctrl 键，在模型底部绘制出脖子所在位置的 Mask（遮罩）区域，如图 3-15 所示。

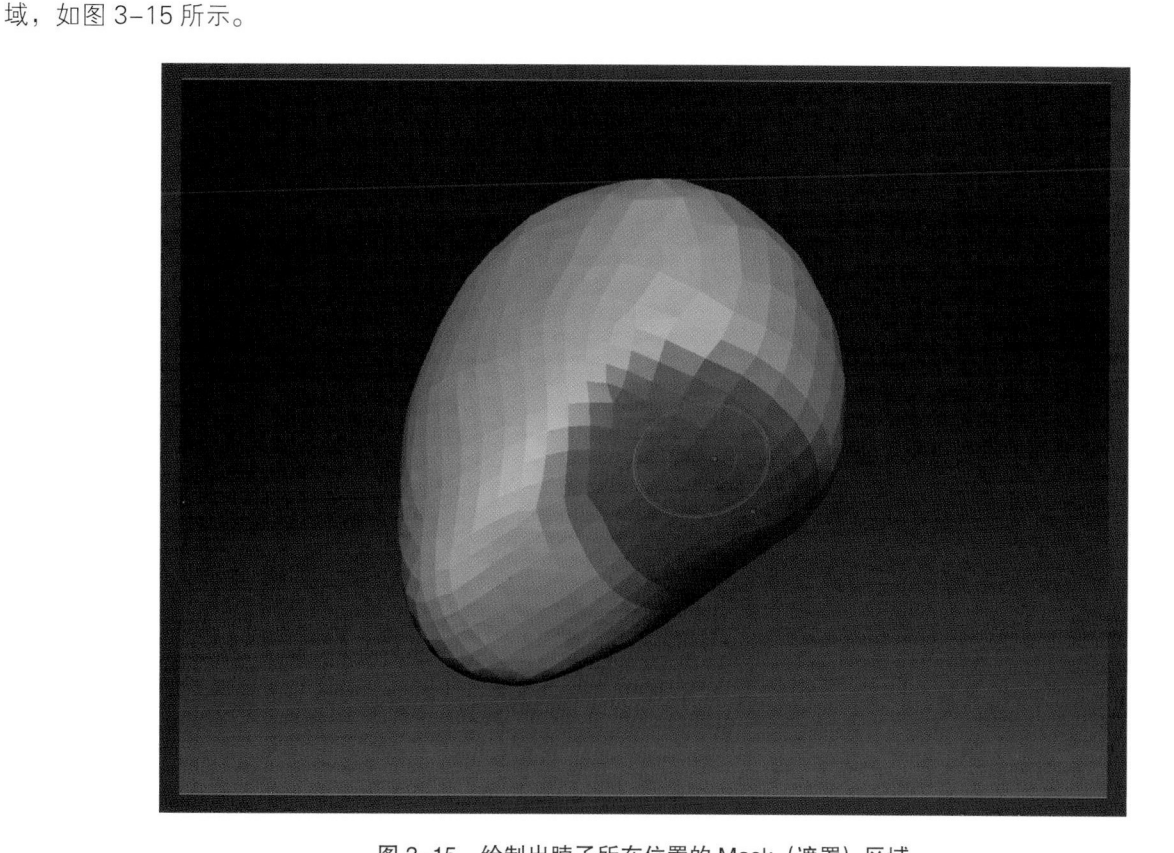

图 3-15　绘制出脖子所在位置的 Mask（遮罩）区域

在模型中，绘制出的 Mask 为冻结区域，是不可调整的。可以按住 Ctrl 键，把画笔在头部模型之外，操作区域中其他地方点击一下，对 Mask 区域进行反选，如图 3-16 所示。

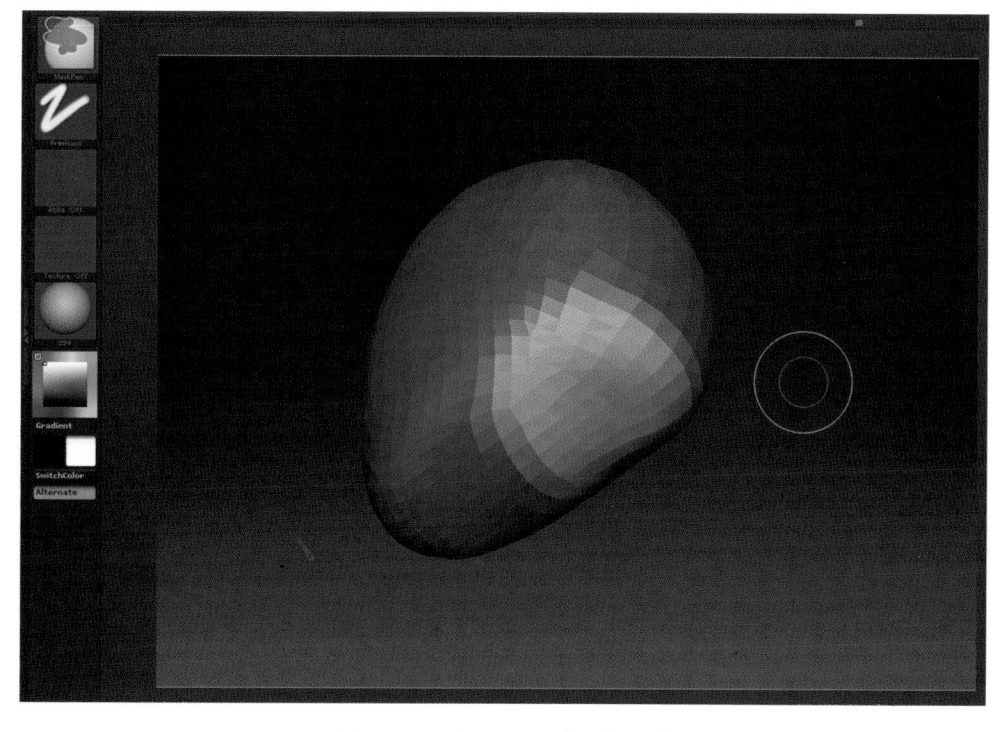

图 3-16　对 Mask 区域进行反选

Mask 区域反选之后，脖子以外的其他模型部分就被冻结起来，使用 Move 画笔，把脖子拖曳出来，如图 3-17 所示。

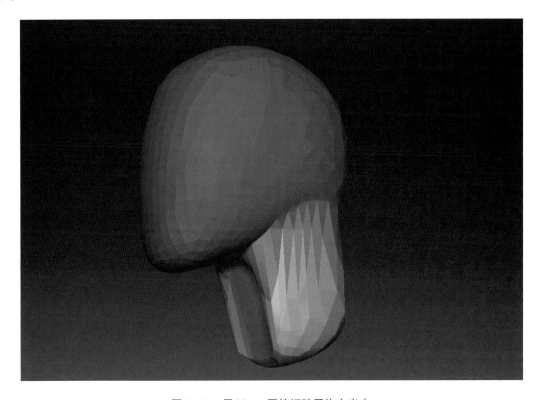

图 3-17　用 Move 画笔把脖子拖曳出来

脖子拖曳出来后，取消模型的 Mask 冻结，按住 Ctrl 键，使用画笔在操作区域中拉出一个矩形选框就可以取消 Mask，如图 3-18 所示。

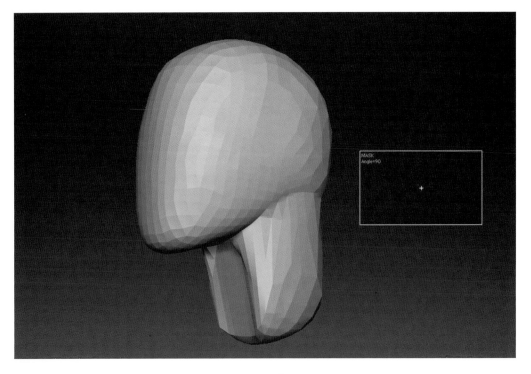

图 3-18　取消 Mask

通过观察可以发现，模型中脖子这块的面由于拖曳导致面的拉伸，使其布线不均匀。点击激活右导航栏中的 PolyF 按钮（快捷键为 Shift+F）显示出模型的线框，可以更加直观地观察到，如图 3-19 所示。

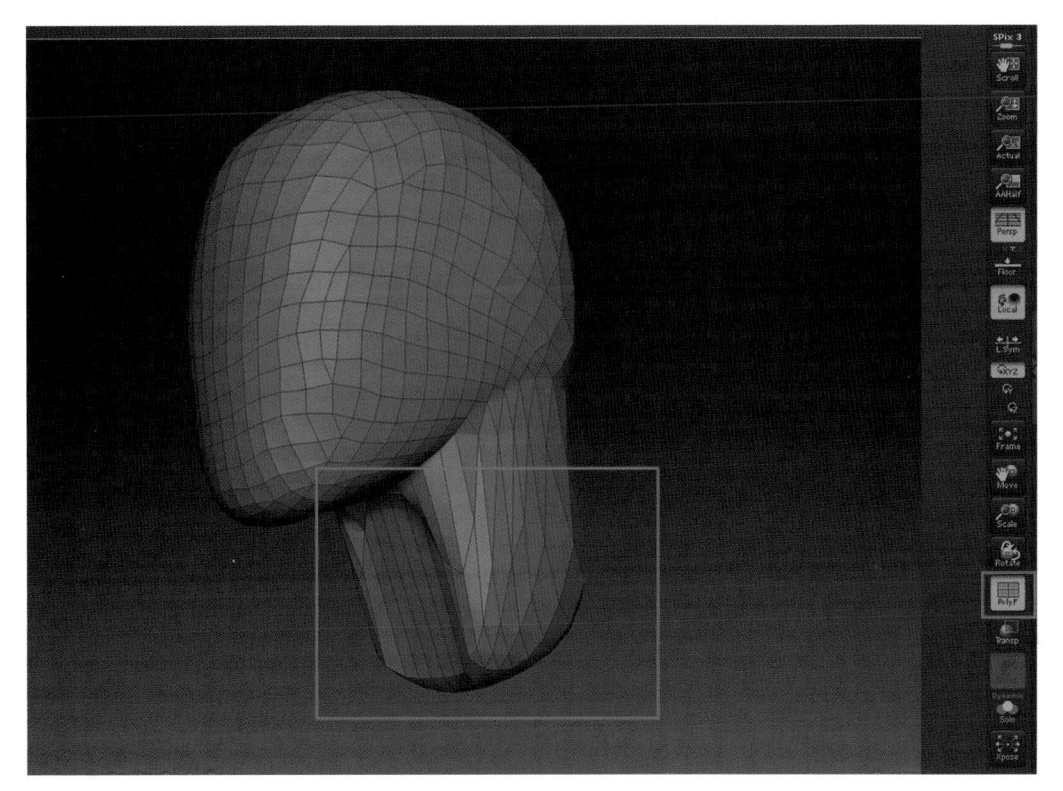

图 3-19　显示出模型的线框

模型的布线在之前已经转换并使用的是 DynaMesh "动态模型"方式，此时只需要按住 Ctrl 键，使用画笔在操作区域中空白位置框一下，DynaMesh 就会重新对模型的布线进行计算并保持其均一化，效果如图 3-20 所示。

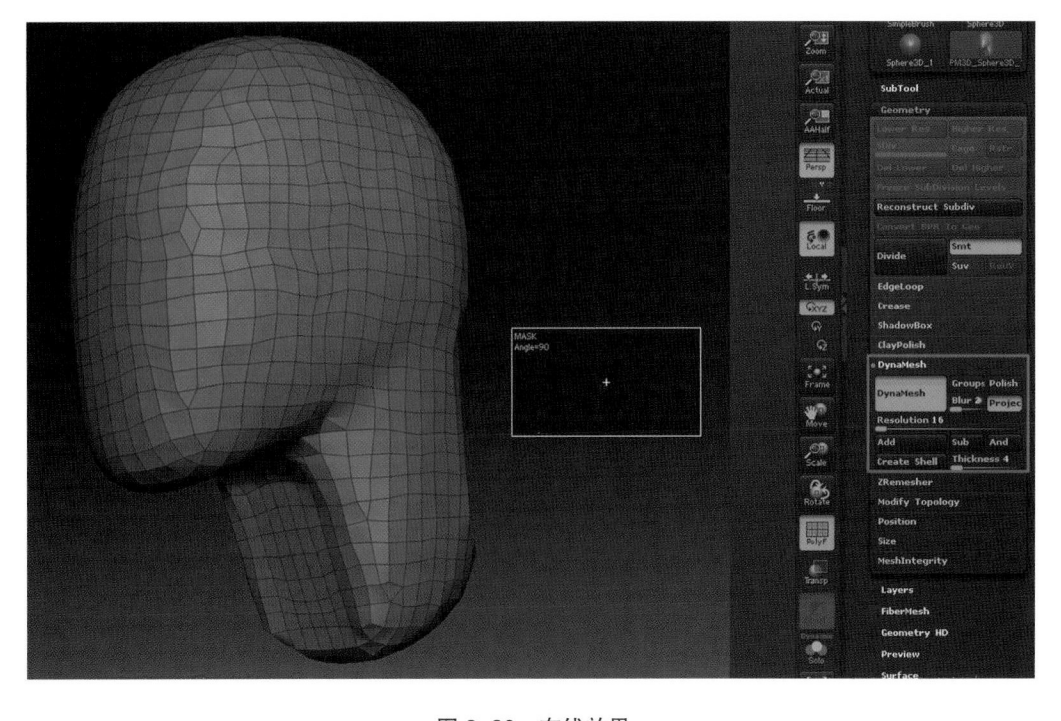

图 3-20　布线效果

　　按住 Ctrl 键，在模型中耳朵所在的位置绘制出 Mask 区域，并对 Mask 进行反选，使用 Move 画笔拖曳出耳朵的形体模型，再用 DynaMesh 对模型进行布线的均一化处理。均一化处理效果如图 3-21 所示。

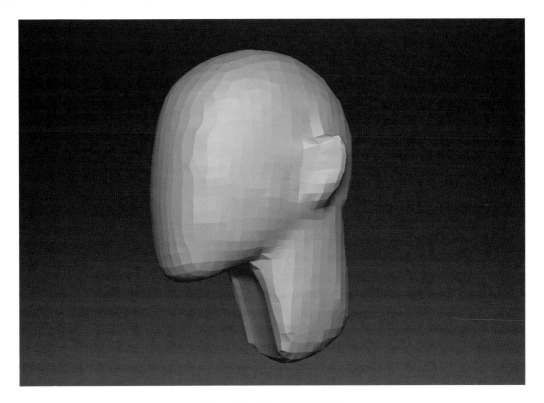

图 3-21　均一化处理效果

　　配合使用画笔工具中的 Move 和 Smooth 画笔，结合参考图与解剖知识对模型形体进行调整，最终效果如图 3-22 所示。

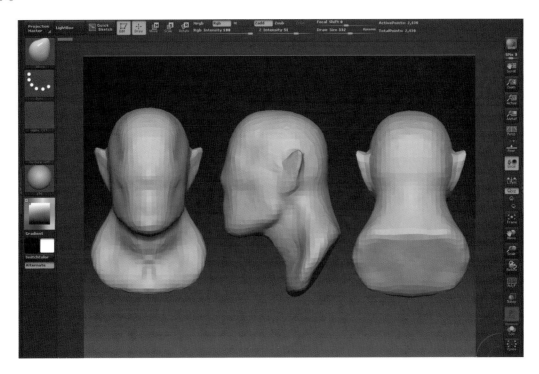

图 3-22　最终效果

在头部基础模型上，使用画笔工具中的 Standard 画笔，雕刻出角色五官的大体轮廓。如图 3-23 所示，要强化角色的咬肌和口轮匝肌，使其更加发达。配合短小的鼻梁、宽大的鼻翼与嘴巴、凸起的颧骨这些面部特征来增加角色的野蛮和凶狠程度。雕刻时注意运笔的方向。注重表现五官的立体形态和肌肉的大致走向。

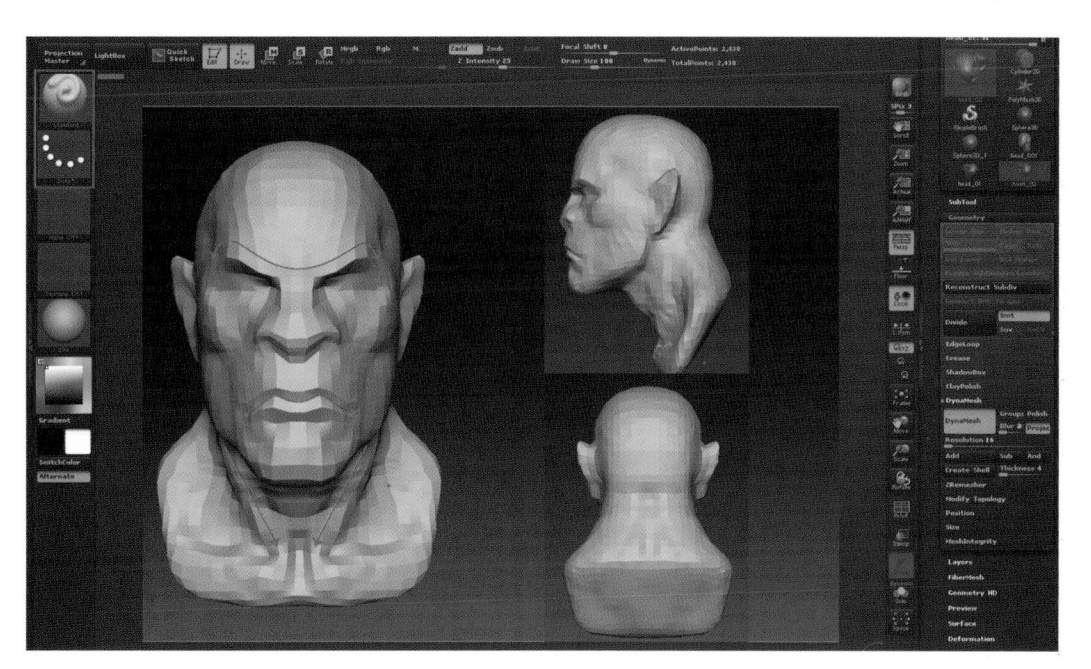

图 3-23　强化角色的咬肌和口轮匝肌

角色的五官位置和形态初步确定下来后，进一步刻画模型。在 DynaMesh 命令组中，调整 Resolution 的数值为 64，然后按住 Ctrl 键，在视图中空白区域框一下，增加动态模型的面数，如图 3-24 所示。

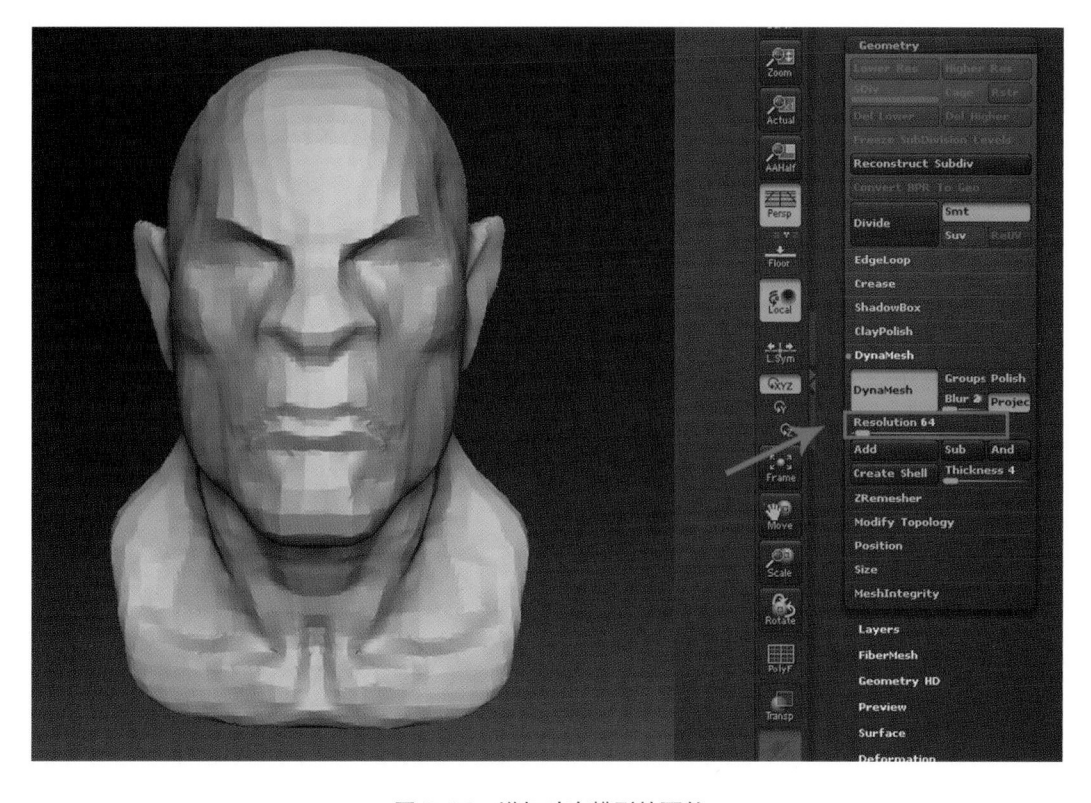

图 3-24　增加动态模型的面数

　　此时模型的面数相对于头部模型制作来说，确定结构和形态已经足够。在雕刻模型时，这种中间级别的雕刻塑造是比较重要的阶段，它将大致决定最终模型的长相，并对后面的深入细节刻画起到指导作用。应该尽量在此时仔细推敲和刻画。

　　选择画笔工具中的 ClayBuilder 画笔，它绘制出来的笔触更加方正有力，对于形体塑造会有更好的表现效果。雕刻过程中再结合 Standard、Smooth 画笔，对角色形体结构进行刻画，效果如图 3-25 所示。

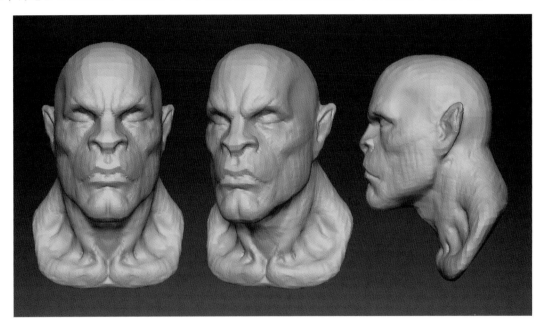

图 3-25　形体结构刻画效果

　　为了更好地雕刻表现五官和形体结构，接下来取消使用 DynaMesh 动态模型方式，转成 Divide 细分模型方式。点击 DynaMesh 命令组中的 DynaMesh 按钮，取消动态模型计算。再点击 Geometry 命令组中的 Divide 按钮，对模型进行一级细分，如图 3-26 所示。

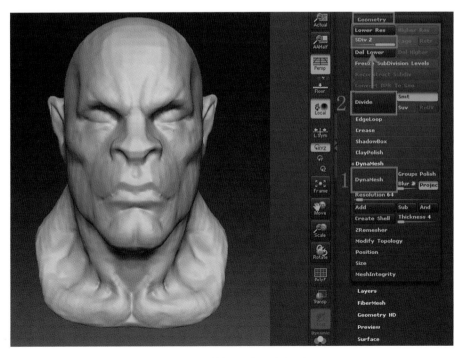

图 3-26　对模型进行一级细分

Geometry 命令组中的 Divide 命令，是增加模型细分级别的按钮。每按一次它就会对模型进行一次细分，细分级别越高，模型的面数也就越多，就可以更好地雕刻表现模型上的细小细节，如：皱纹、伤疤、毛孔等。细分级别的高低取决于计算机硬件的配置，由于每台计算机的配置不一样，所以细分级别的高低也就不一样，但对于一般的模型雕刻制作来说，上百万的面数就已经足够表现形体与细节了。

在细分模型面数的计算方式下，雕刻塑造模型形体，需要遵循从整体到局部，从大结构到小结构，从大细节到小细节的雕刻方式。所以细分的级别也要随着刻画的深入来逐级增加。切勿在大的形体结构都没有表现清楚时，就急于使用高细分级别进行模型的塑造。

选择画笔工具中的 Standard 画笔，配合较小的画笔半径，在 SDiv 为 1 的级别下，雕刻出角色的眼皮与眼窝的大体结构，如图 3-27 所示。

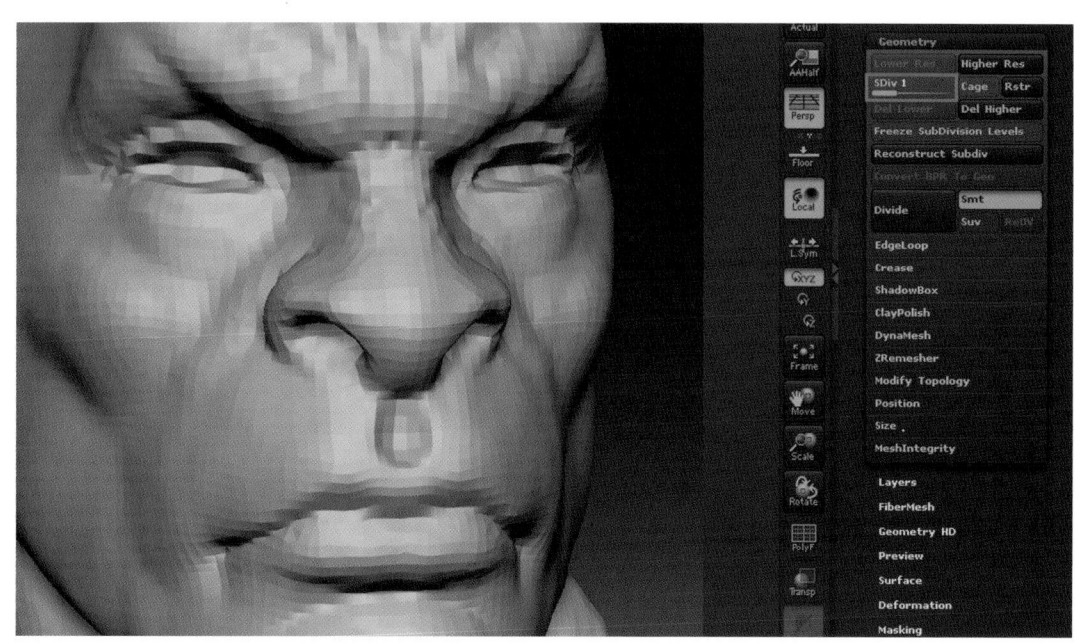

图 3-27　雕刻出角色的眼皮与眼窝的大体结构

使用同样的技巧，雕刻出角色耳朵的大体轮廓与结构，如图 3-28 所示。

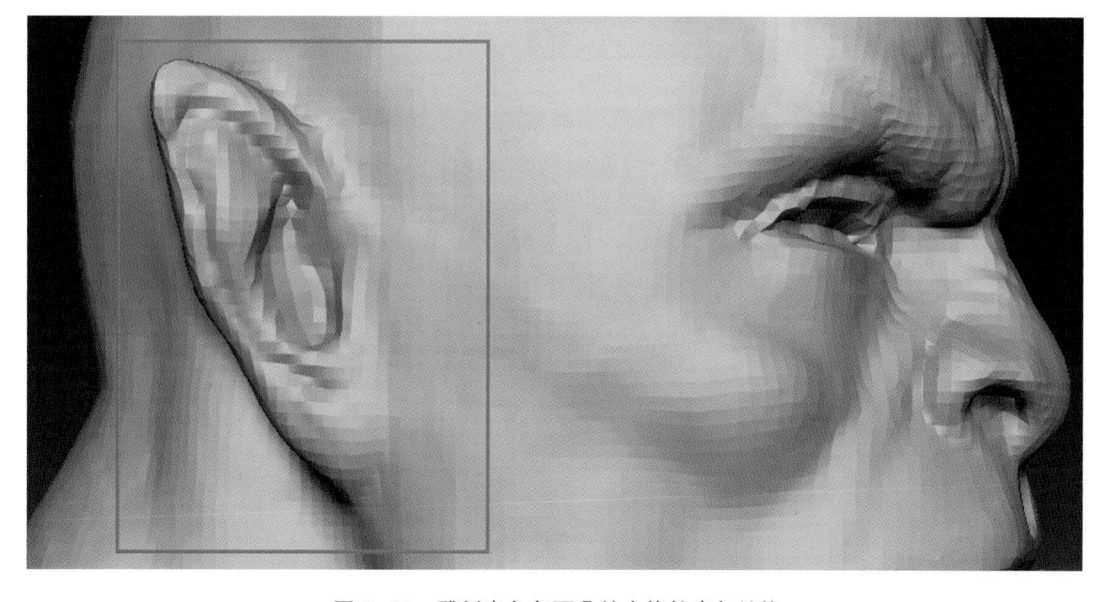

图 3-28　雕刻出角色耳朵的大体轮廓与结构

    人物的眼皮是包裹着眼球的，要想控制好眼皮的弧度造型就必须把眼球给角色装上，接下来给角色安装眼球模型。展开 Tool 菜单下的 SubTool 命令组，点击 Append 命令，在弹出的面板中点击 Sphere3D，在场景中添加一个 3D 球体作为角色的眼球基础模型，如图 3-29 所示。

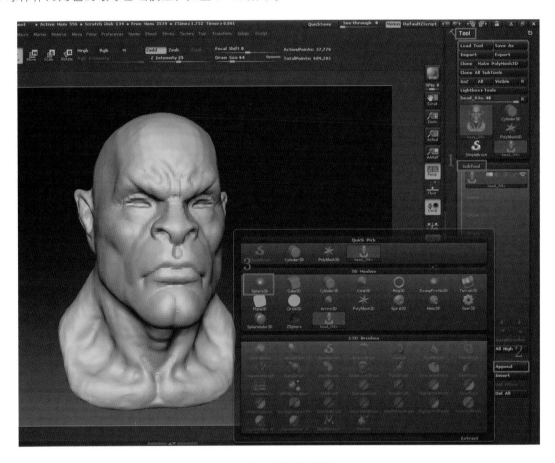

图 3-29　眼球基础模型

    场景中新创建的 3D 球体模型在 SubTool 命令组中会放在一个单独的层，这样可以方便后续选择角色模型中不同的部位单独进行雕刻，如图 3-30 所示。

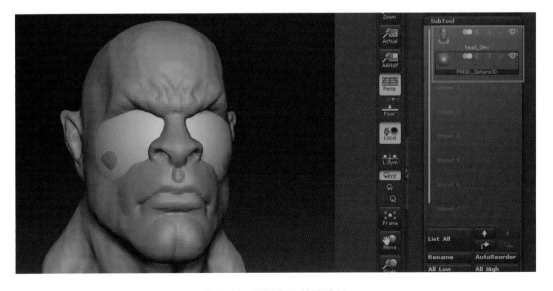

图 3-30　不同部位单独雕刻

接下来调整 3D 球体的大小和位置，在 SubTool 命令组中点击选中 Sphere3D 所在的层（按住 Alt 键，在视图中点击需要编辑的模型可以对 SubTool 命令组中不同的层进行快速切换和选择），再配合工具架中 Move、Scale、Rotate 三个工具命令对 Sphere3D 球体模型进行调整，如图 3-31 所示。

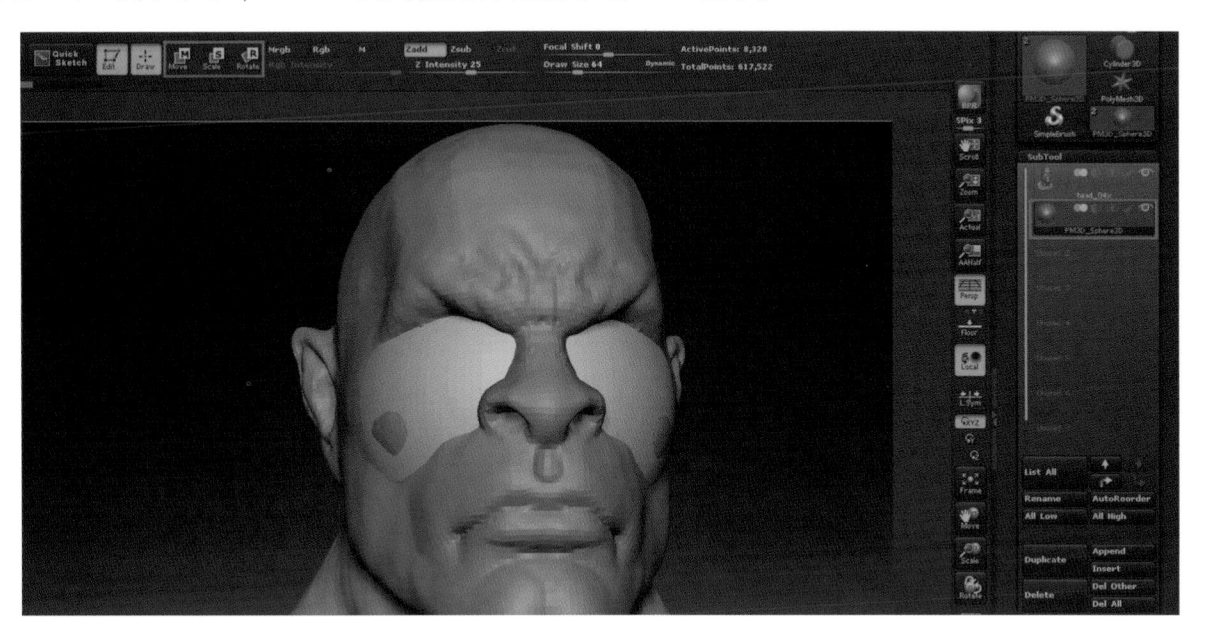

图 3-31　对 Sphere 3D 球体模型进行调整

点击工具架中的 Move 工具，在球体模型上拖曳出 Move 工具的控制线，然后用鼠标拖动动作线中间圆圈中的小圆圈，把球体模型移到旁边，如图 3-32 所示。

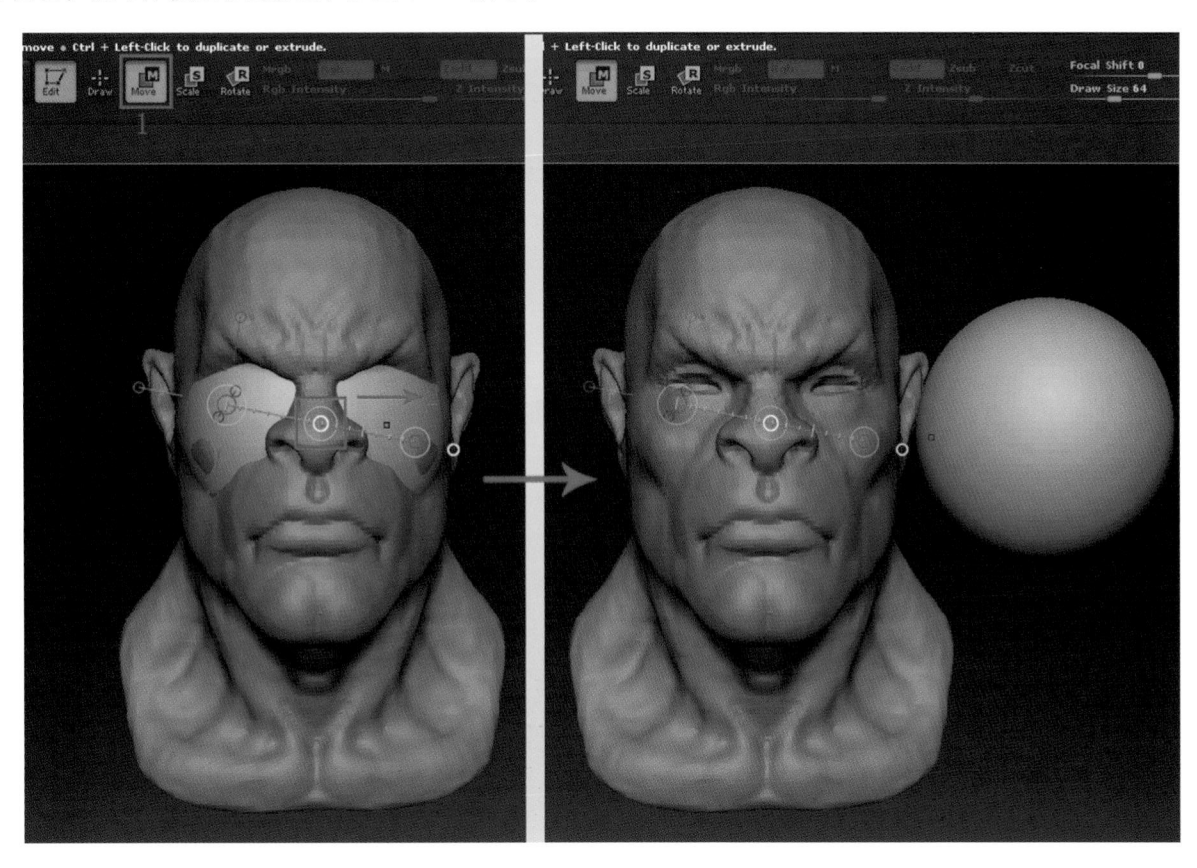

图 3-32　把球体模型移到旁边

点击工具架中的 Scale 工具，在球体模型上拖曳出 Scale 工具的控制线，用鼠标点击如图 3-33 所示的位置，对 3D 球体进行缩放。

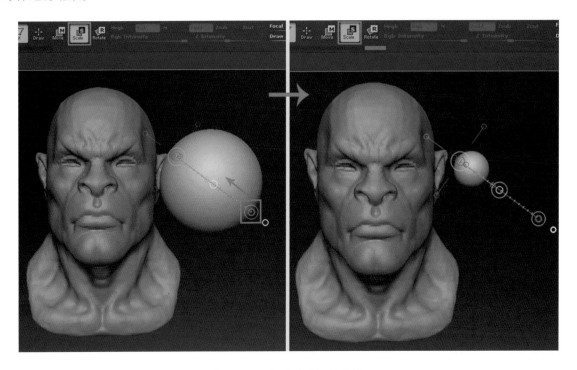

图 3-33　对 3D 球体进行缩放

使用同样的方法，把角色的眼球模型大小调整好并放到眼皮内。眼球最终效果如图 3-34 所示。

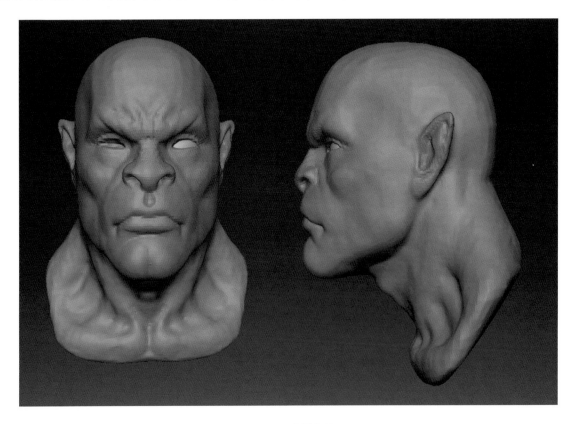

图 3-34　眼球最终效果

接下来制作另外一个眼球，如图 3-35 所示，点击 Zplugin 菜单展开 SubTool Master 命令组，再点击 SubTool Master 命令。

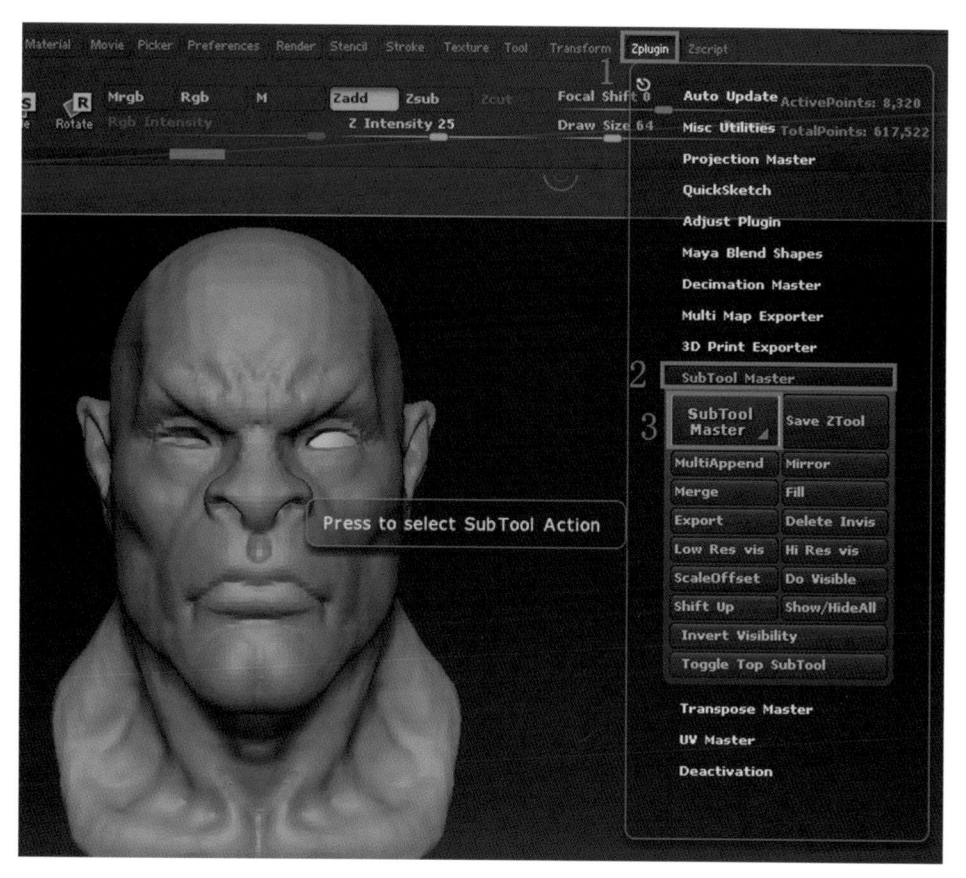

图 3-35　制作另外一个眼球

在弹出的 SubTool Master 面板中点击 Mirror 命令，按照如图 3-36 所示进行设置，对眼球模型进行镜像复制。

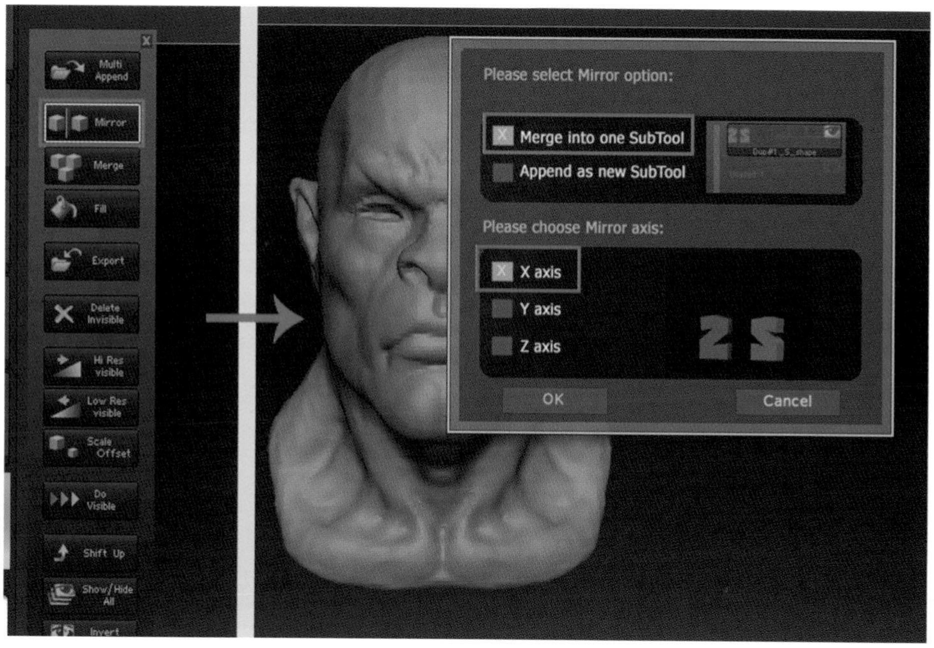

图 3-36　镜像复制

如图 3-37 所示，把头部模型的细分级别调到 3 级，使用画笔工具中的 ClayBuilder 画笔对角色的五官及形体结构进行雕刻，使角色五官和结构看起来更加明确与立体。此时的雕刻多注重角色形体与结构的整体刻画，不要钻入局部进行细化，要时刻保持画面的整体性。

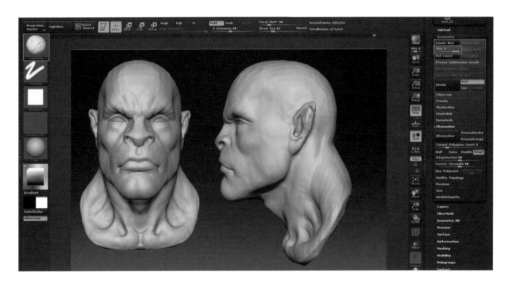

图 3-37　雕刻五官及形体

到此，大致完成了"野蛮人"角色形体与结构的基础雕刻。此时在视图中显示模型的线框会发现模型的布线大致是按照"井"字形排列，没有按照形体结构与肌肉的走向去分布，如图 3-38 所示。这样既不利于形体的深入雕刻，也不符合肌肉的构造。

用 ZBrush 软件制作的角色模型，要是用在游戏或者动画影片中，后续还需要进行骨骼的架设与绑定、表情与口型的制作等，这些都需要模型有一个"完美"的布线才可以。

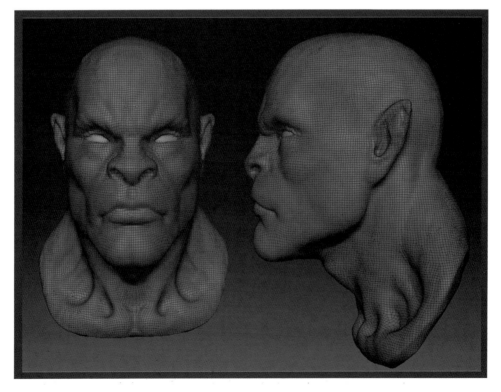

图 3-38　"井"字形排列

在 ZBrush4R6 版本中新增加了一个修改模型布线的工具"ZRemesher"拓扑重制命令组，如图 3-39 所示，ZRemesher 是 ZBrush 新增的自动拓扑工具，它可以从根本上解决模型布线问题，省去了绝大多数繁杂的拓扑工作。

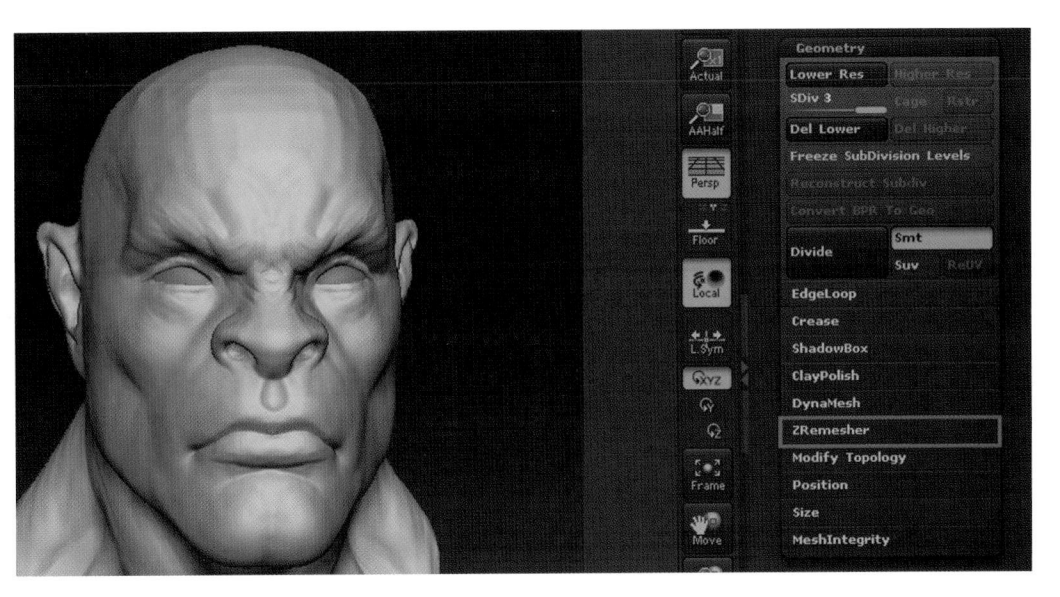

图 3-39　拓扑重制命令组

在 ZRemesher 命令组中，"Target Polygons Count"这个参数以"千"为单位并决定了拓扑后模型的大概面数。制作的这个兽人角色头部模型，只是作为静帧作品，所以对于面数没有太多的要求。若以后模型文件是要用在游戏或者动画中，面数就不能随便设置，需要按照项目的要求来进行控制。

如图 3-40 所示，设置 Target Polygons Count 的数值为 9，其他参数保持默认，按键盘上的 X 键，开启模型对称雕刻，再按住 Alt 键点击 ZRemesher 按钮，对模型进行自动拓扑计算。

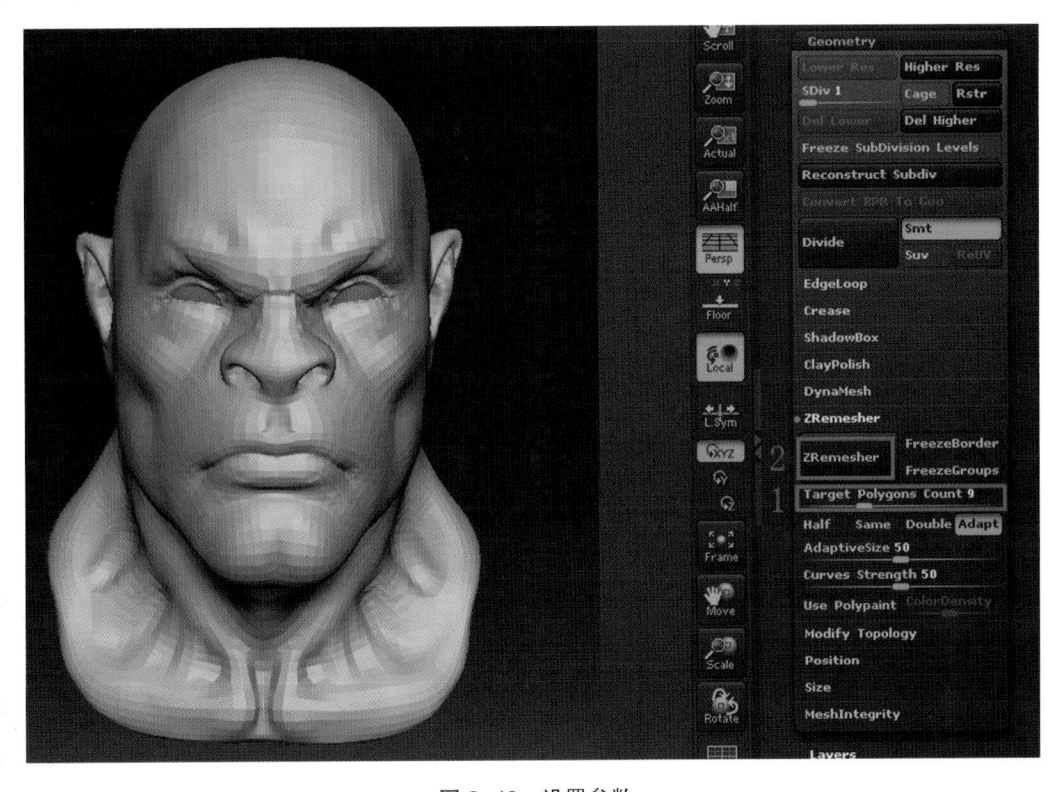

图 3-40　设置参数

　　自动拓扑后的模型布线会根据雕刻的结构和形体进行分配和走向，线段也比较均一化，图 3-41 展示了前后布线对比图。

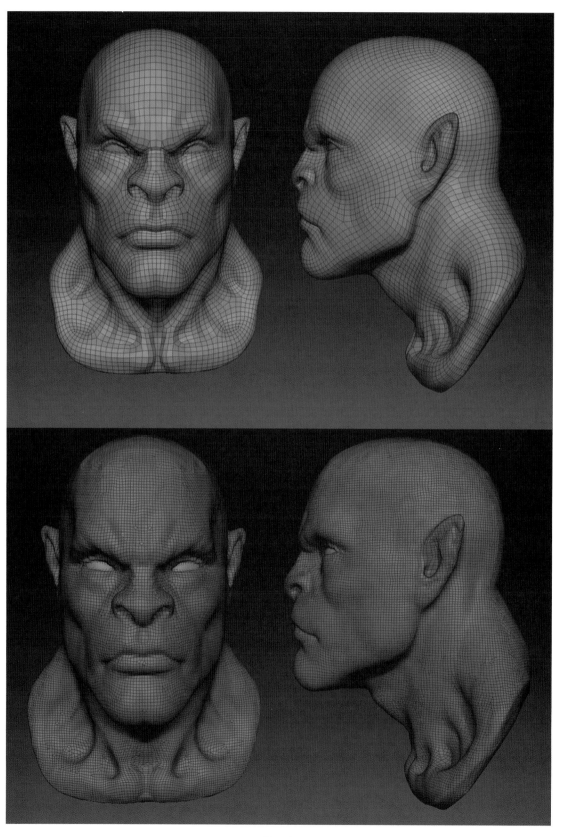

图 3-41　前后布线对比图

　　下面对"野蛮人"头部的造型进行雕刻细化。增加模型的细分级别,使用 Clay 画笔雕刻出眉弓和眼睛周围的造型,细小的纹路雕刻配合使用 Inflat 画笔并设置较小的画笔半径。效果如图 3-42 所示。

　　使用 Inflat 画笔并设置较小的画笔半径雕刻嘴巴及周围细节,效果如图 3-43 所示。

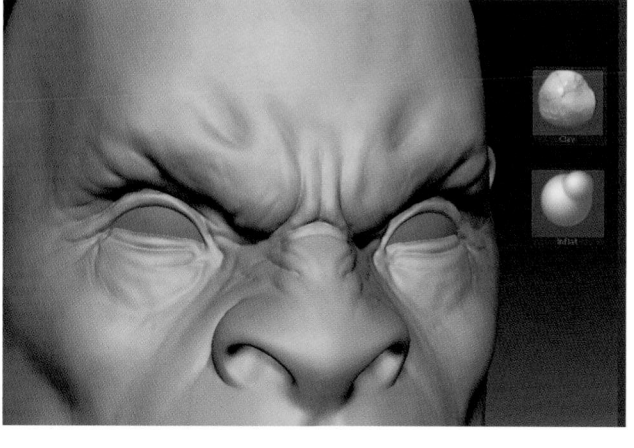

图 3-42　效果 1

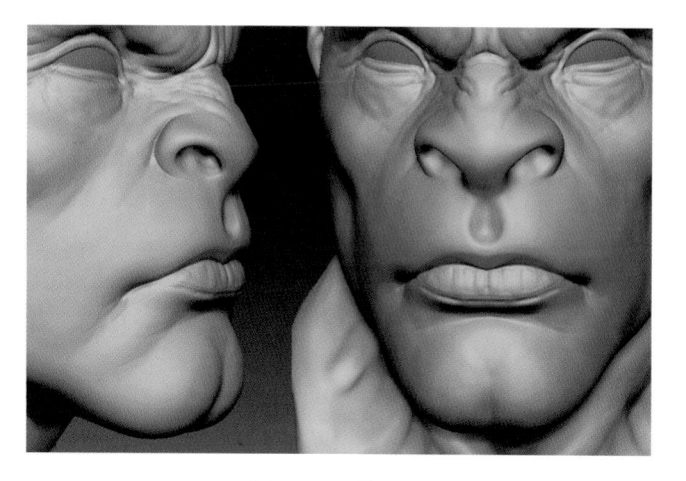

图 3-43　效果 2

　　使用同样的方法雕刻出耳朵的结构和细节,效果如图 3-44 所示。

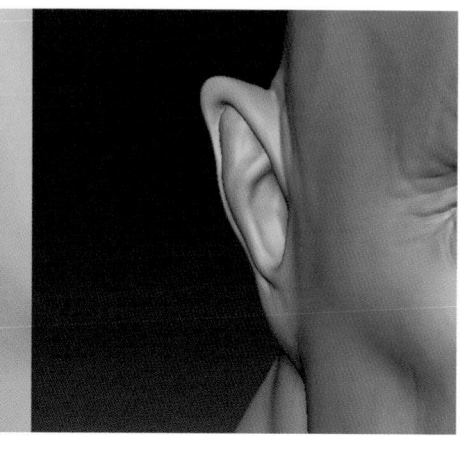

图 3-44　效果 3

　　使用 Clay 画笔,配合合适的画笔半径雕刻强化脸部颧骨以及咬肌的造型,效果如图 3-45 所示。

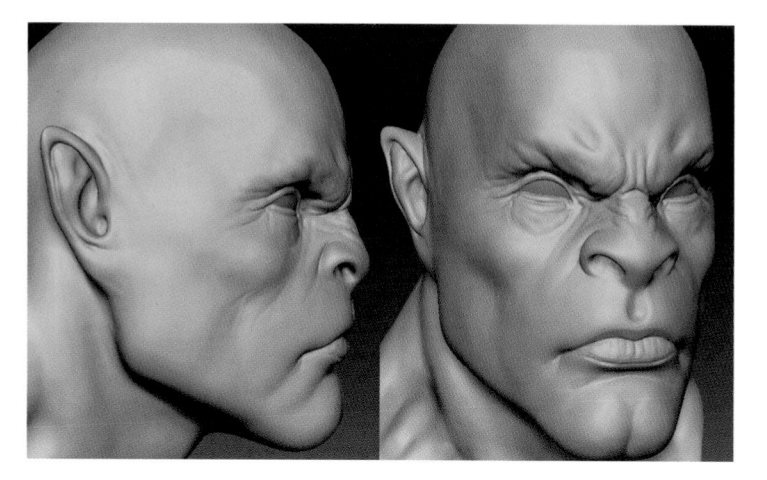

图 3-45　效果 4

刻画脖子周围的结构和细节，注意肌肉之间的穿插及与头部的衔接关系，雕刻过程中多观察整体效果，不要一直盯着局部。最终模型完成效果如图 3-46 所示。

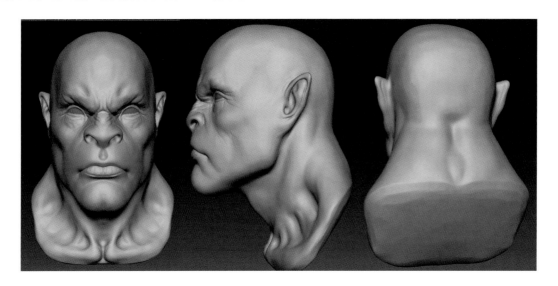

图 3-46　最终模型完成效果

到此，"野蛮人"角色的头部形体塑造就完成了。本节中介绍了很多 ZBrush 和人物制作方面的知识点和技巧，对如何分析角色形体特征，如何主动地表现对象也讲授了一些经验，希望对大家有所帮助和启发。

2．细节塑造

通过上一节的制作，基本雕刻完成了"野蛮人"模型。想要做出"有细节"的作品，除了刻画出模型在结构、形体等方面的特征之外，还需要体现出皮肤的皱纹与质感。深入刻画会给人带来更强、更逼真的视觉效果，如图 3-47 所示。

图 3-47　深入刻画效果图

下面进一步调整模型细节，并使用 Alpha 在模型上添加更细致的效果。

在开始制作之前先分析下人物面部毛孔。图 3-48 展示的是人物的面部毛孔粗细分布图。相对而言，蓝色区域的毛孔比较细腻，黄色区域的一般，红色区域的比较粗糙。虽然制作的是虚拟角色，但和真实人物差不多，可以借鉴参考。

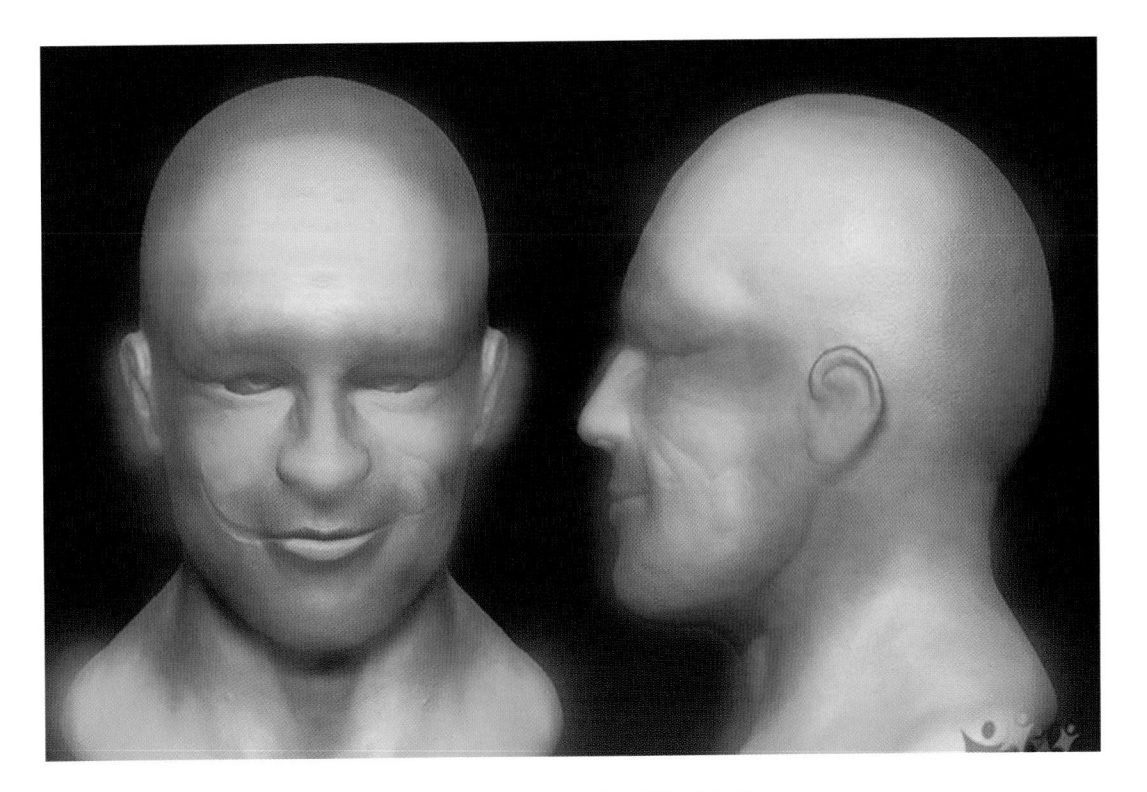

图 3-48　人物面部毛孔粗细分布图

ZBrush 软件中自带的 Alpha 文件种类比较少，可以从网上下载更多种类的免费文件。如图 3-49 所示，点击左导航栏中的 Alpha 按钮，然后单击 Import 按钮导入网上下载的 psd 图片文件作为 Alpha。

图 3-49　下载的 psd 图片文件作为 Alpha

选择头部所在的 SubTool 层，增加细分级别，选择画笔工具中的 Standard 画笔，设置笔画为 Spray，适当降低 Z Intensity 画笔强度，并按住 Alt 键在头部绘制，制作出图 3-50 所示的皮肤基础纹理效果。

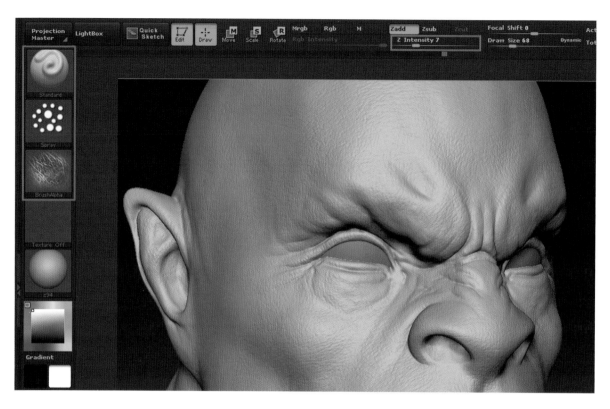

图 3-50　皮肤基础纹理效果

点击导入"点"状形态的 Alpha 图片，选择 Standard 画笔，设置笔画为 DragRect，适当调整 Z Intensity 画笔强度值，刻画出如图 3-51 所示的皮肤毛孔纹理。注意不同区域毛孔的疏密、大小关系。

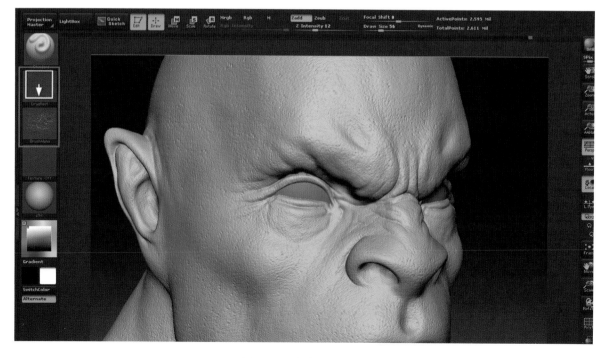

图 3-51　皮肤毛孔纹理

选择 Slash3 画笔，设置笔画为 FreeHand，降低 Z Intensity 画笔强度，Alpha 工具中选择 Alpha 38，雕刻强化皮肤皱纹和一些细节，如图 3-52 所示。

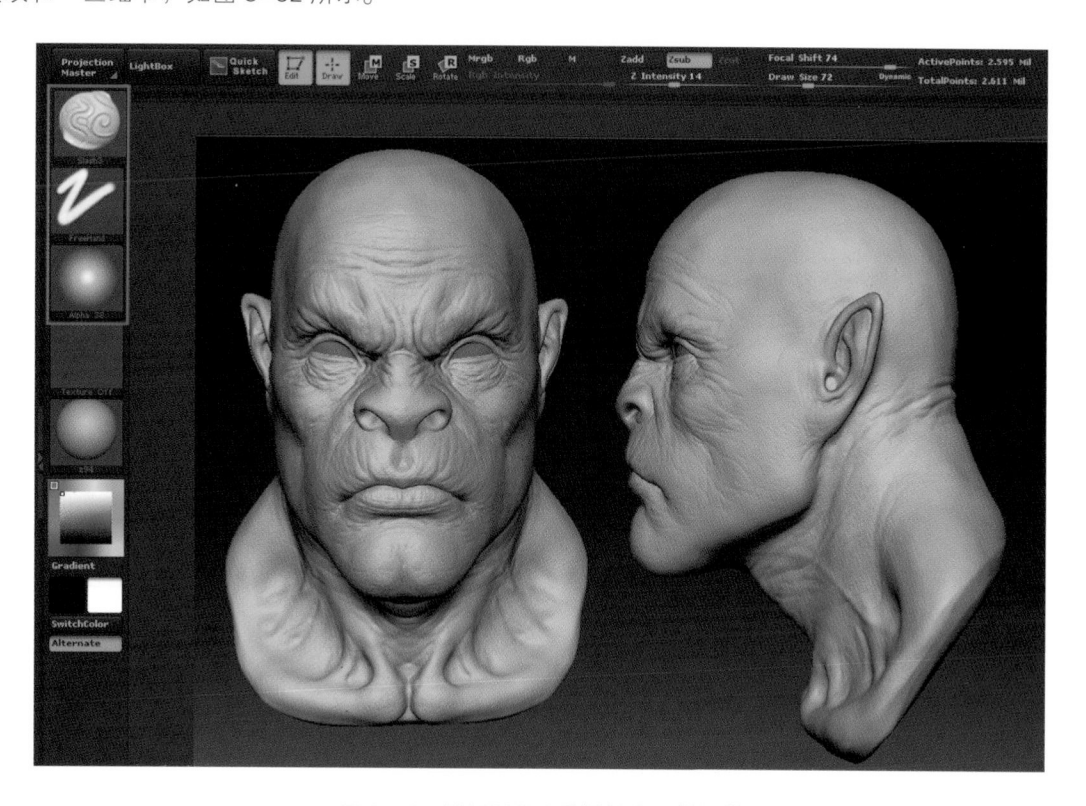

图 3-52　雕刻强化皮肤皱纹和一些细节

点击导入合适的 Alpha 图片，选择 Standard 画笔，设置笔画为 DragRect，适当调整 Z Intensity 画笔强度值，继续刻画皮肤纹理，效果如图 3-53 所示。

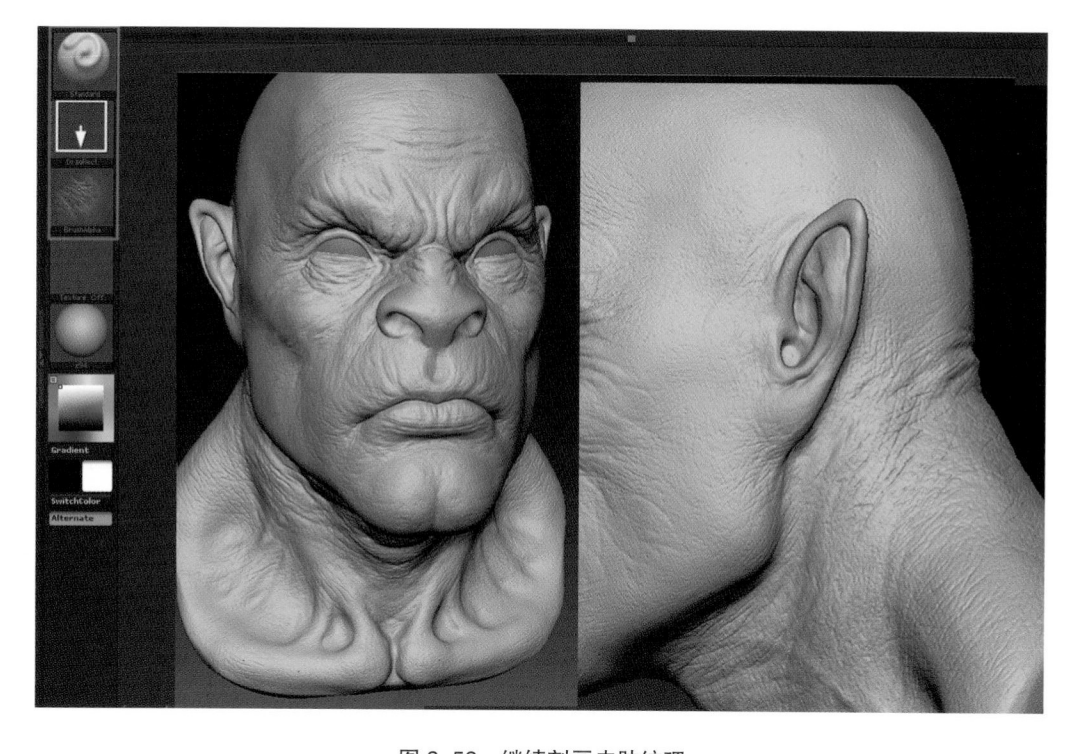

图 3-53　继续刻画皮肤纹理

　　为了突出"野蛮人"的身份特点，在面部刻画一些伤痕，突出角色特征，效果如图 3-54 所示。

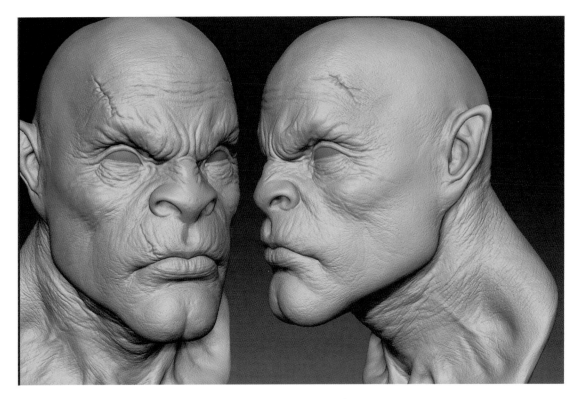

图 3-54　刻画一些伤痕

　　加强面部皱纹和细节，并调整形体和结构关系，最终效果如图 3-55 所示。

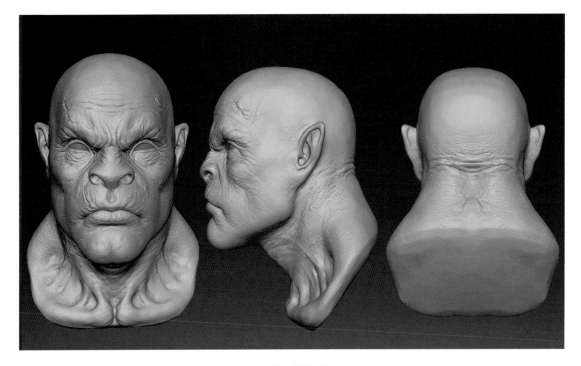

图 3-55　最终效果

　　到此，完成了虚拟角色"野蛮人"头部模型的制作。细节的刻画是无止境的，在项目制作时可以根据时间的长短和要求进行把握。多对比和分析角色的特点，在结构准确的前提下塑造形体。

第三节

"野蛮人"贴图绘制

贴图的绘制有很多种方法,传统的制作方法是把模型的 UV 拆分,利用 Photoshop、Bodypaint 等软件进行制作。在 ZBrush 中还有着另外一种方式,就是顶点着色。它允许用户直接在模型的顶点上绘制颜色,颜色绘制的精细度和模型细分面数的高低有关,但它并不是贴图(因为并不是绘制在图片上)。顶点着色并不是什么新技术,多年前就已经在游戏制作上得到广泛应用,以解决实时显示下的阴影和色彩问题。用顶点着色方式来绘制"野蛮人"贴图。

顶点着色工具集中在 Tool 菜单中的 Polypaint 命令组中,如图 3-56 所示。点击激活 Colorize 命令就开启了顶点着色显示开关。

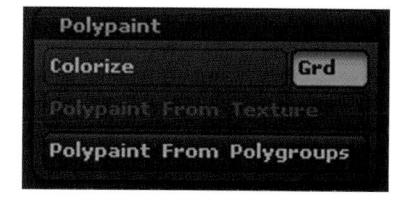

图 3-56　顶点着色工具

为了能够直观地观察到贴图绘制效果,需要对材质进行一些设置。单击左导航栏中的 Material 工具,选择 Standard Materials 下的 SkinShade4 材质球,如图 3-57 所示。

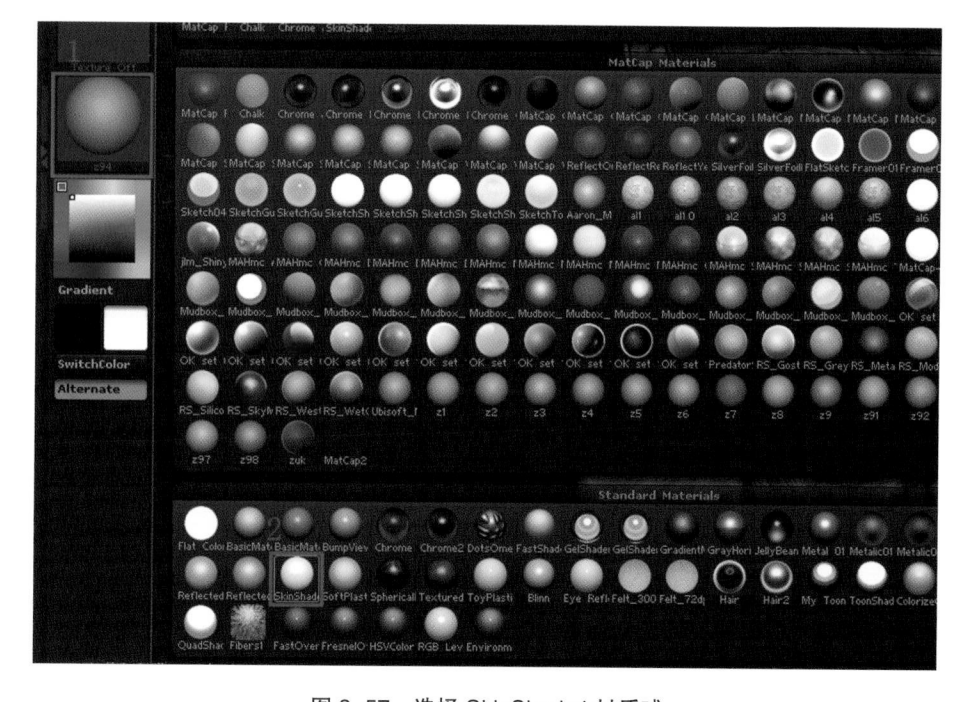

图 3-57　选择 SkinShade4 材质球

　　人类的皮肤质感非常的特殊，类似蜡质。在高亮度光线的照射下，身体上皮层较薄的部位，如耳朵、鼻子等和身体边缘会产生透光现象。比如拿着手电筒照射手掌，通过手背可以看到手部的血红色，这种透光现象在 CG 制作中叫作"次表面散射"。在 Zbrush 中绘制贴图时可以在材质设置中模拟预览到这种效果，以方便观察贴图的显示效果。

　　如图 3-58 所示，点击展开 Render 菜单下的 Render Properties 命令组，激活 WaxPreview 命令。

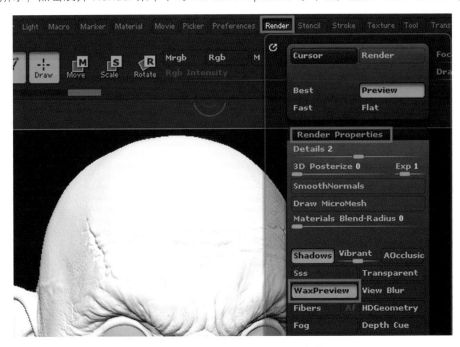

图 3-58　点击 Render Properties 命令组

　　如图 3-59 所示，点击展开 Material 菜单下的 Wax Modifiers 命令组，调整 Strength 参数，就可以在模型上看到模拟的透光效果。

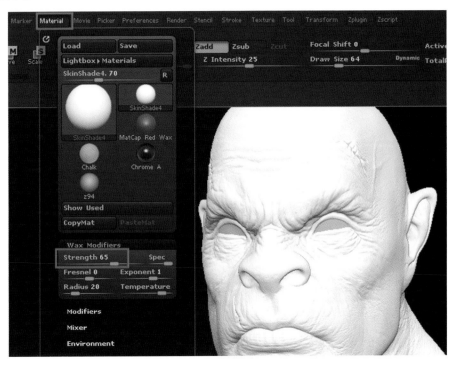

图 3-59　点击 Wax Modifiers 命令组

开启 Colorize 顶点着色显示开关，在左导航栏中使用 Standard 画笔，选择一种颜色，并关闭 Zadd 模式，只打开 Rgb 模式，就可以在模型上绘制了，效果如图 3-60 所示。弹起 Colorize 按钮会回到通常的模式。

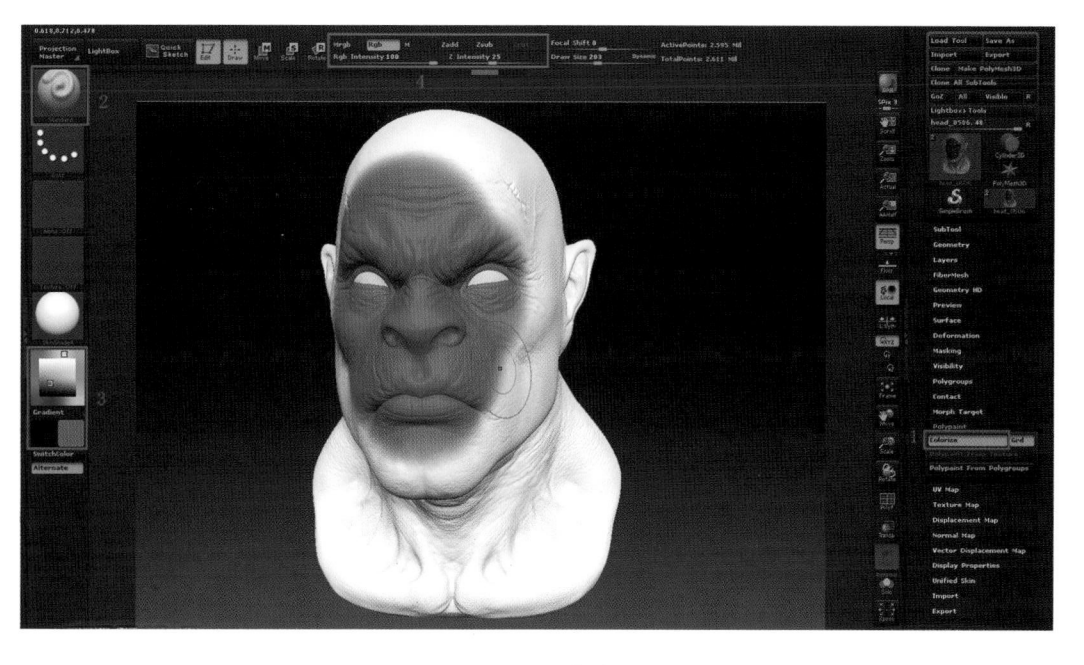

图 3-60　着色效果

"野蛮人"是一个虚拟的科幻角色，在用色上可以适当夸张，多借鉴参考其他的优秀作品丰富配色。将皮肤的基础底色涂满整个模型，再选择较深的暗红色，并配合使用 Color Spray 笔画，降低 Rgb Intensity 数值，绘制模型的暗部，效果如图 3-61 所示。

图 3-61　绘制模型的暗部

使用同样的方式，继续绘制面部贴图，使之颜色更加丰富，效果如图 3-62 所示。

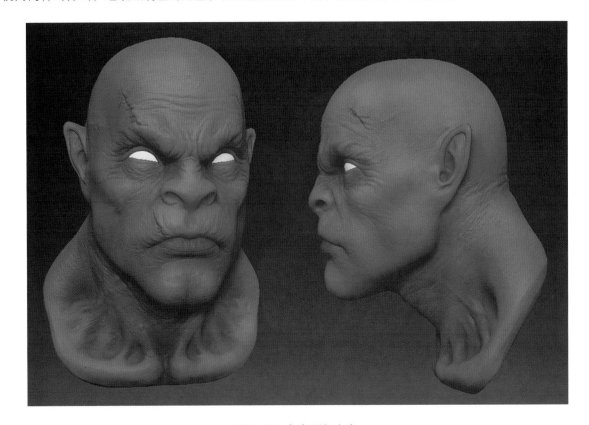

图 3-62 颜色更加丰富

模型上有很多皱纹和毛孔的小细节，下面来绘制这些地方的颜色，使贴图看起来更加细腻、丰富。点开 Tool 菜单下的 Masking 命令组，展开 Mask By Cavity 命令，单击 Mask By Cavity 按钮，将皱纹凹陷处整体遮罩，效果如图 3-63 所示。

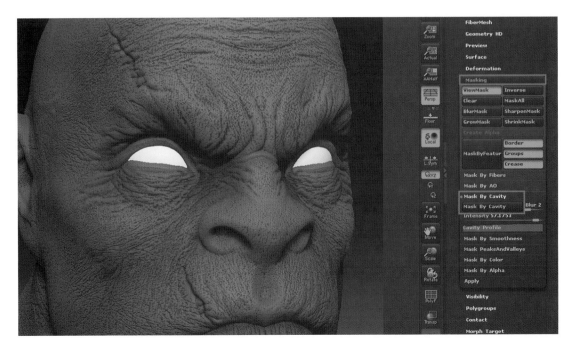

图 3-63 将皱纹凹陷处整体遮罩

点击 Masking 命令组中的 Inverse 按钮，反转遮罩（除皱纹凹陷处以外被遮挡），效果如图 3-64 所示。

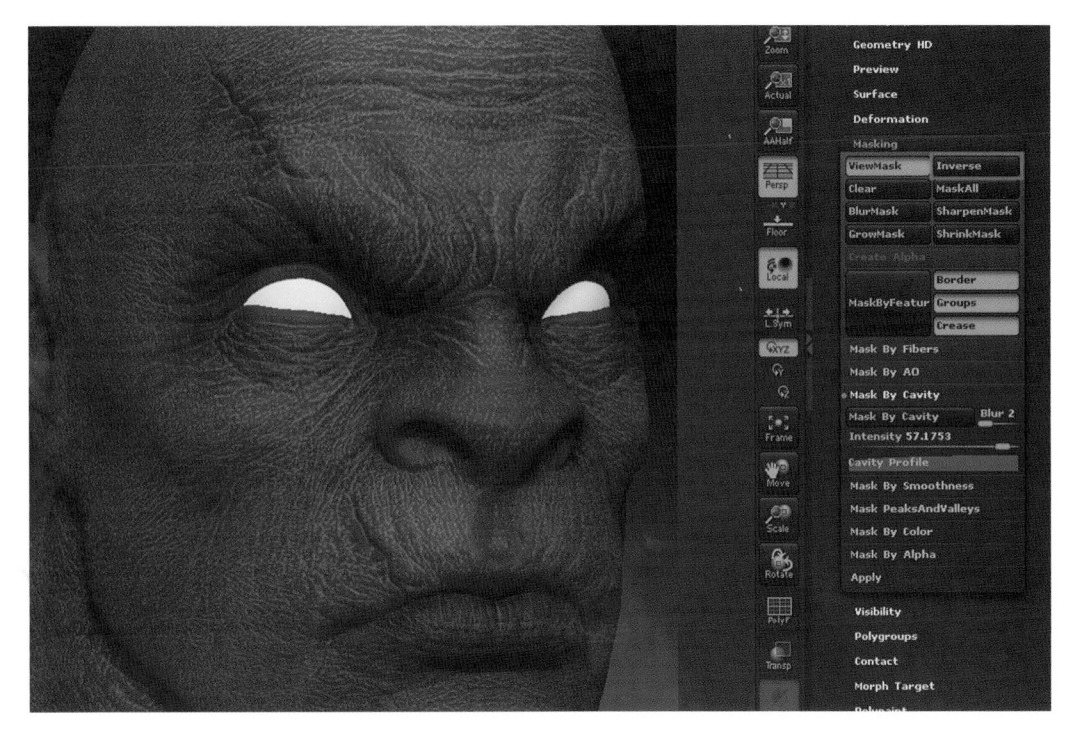

图 3-64　反转遮罩

使用 Standard 画笔、Color Spray 笔画，降低 Rgb Intensity 数值，根据面部不同部位的色彩选择较深的颜色，在模型上进行绘制，效果如图 3-65 所示。

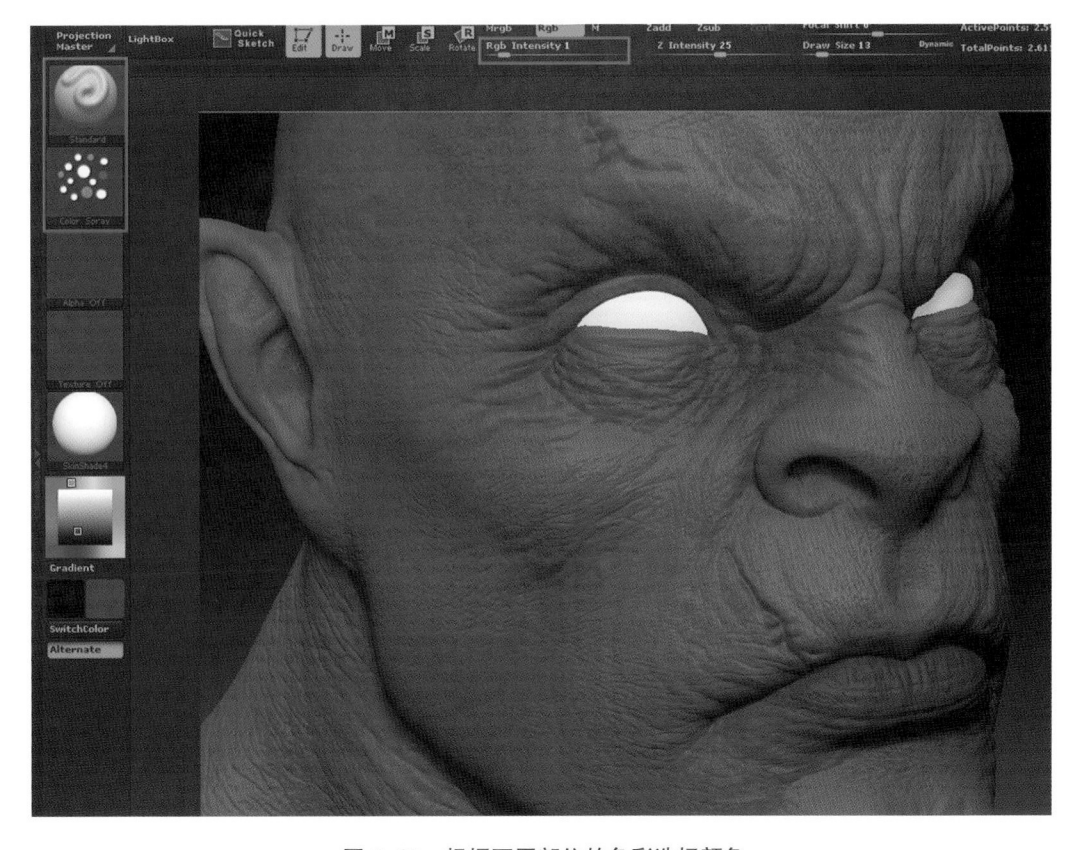

图 3-65　根据不同部位的色彩选择颜色

使用同样的方式，绘制眼睛的颜色并继续调整和细化面部贴图，使整体效果更佳丰富和统一，最终效果如图3-66 所示。

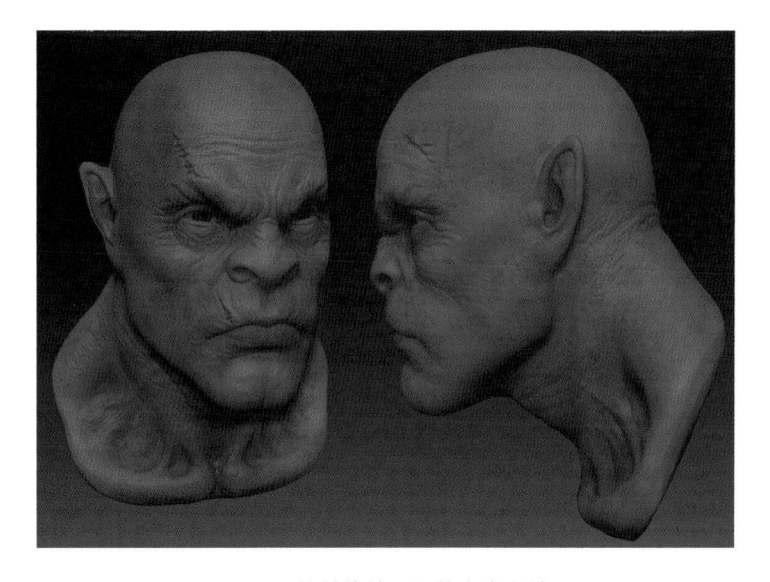

图 3-66　使整体效果更佳丰富和统一

第四节
"野蛮人" 渲染

下面利用 ZBrush 软件自带的灯光与渲染功能，对"野蛮人"角色进行设置。在视图中调整好模型的最终渲染角度，然后展开 Document 菜单下的 ZAppLink Properties 命令组，单击 Front 按钮，记录下当前视图的角度。后续制作中若视角改变，可以点击这个按钮回到渲染视角，如图 3-67 所示。

图 3-67　回到渲染视角

展开 Light 菜单下的 LightCap 命令组，点击 New Light 命令，新建一盏灯光，如图 3-68 所示，调整灯光位置和灯光强度。

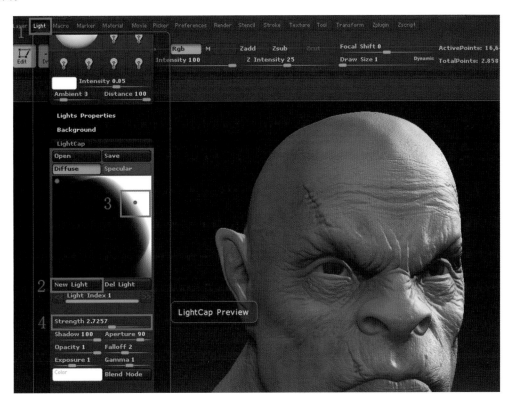

图 3-68　调整灯光位置和灯光强度

使用同样的方式，按照如图 3-69 所示设置，架设另外两盏灯并调整位置、强度和阴影。

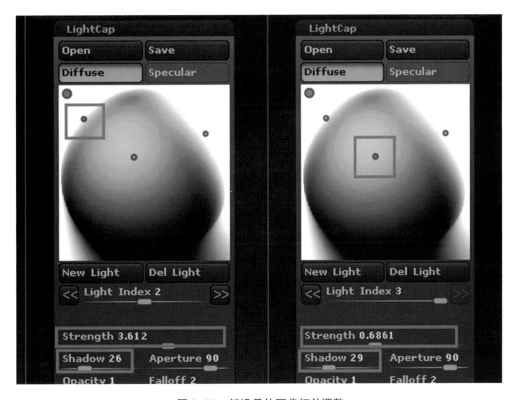

图 3-69　架设另外两盏灯并调整

接下来进行渲染设置，如图 3-70 所示，展开 Render 菜单下的 Render Properties 命令组，点击激活 AOcclusion 和 Sss 按钮。

如图 3-71 所示，展开 Render 菜单下的 BPR RenderPass 命令组，点击 BPR 按钮，进行分层渲染。计算后，得到了不同通道下的渲染图。

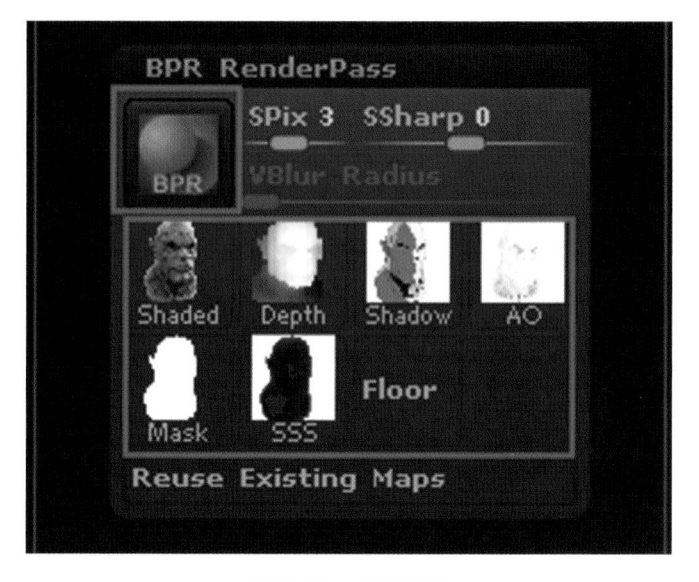

图 3-70　渲染设置　　　　　　　　　　　　　　图 3-71　分层渲染

点击渲染出的通道图片，在弹出的面板中，选择"保存类型"为 TIFF 格式，分别保存这些图片，如图 3-72 所示。

图 3-72　分别保存图片

接下来再渲染一些其他通道的图片，方便后期的调整。关闭模型的顶点着色显示按钮，在左导航栏中的 Material 工具中，选择 Framer04 材质球，如图 3-73 所示。

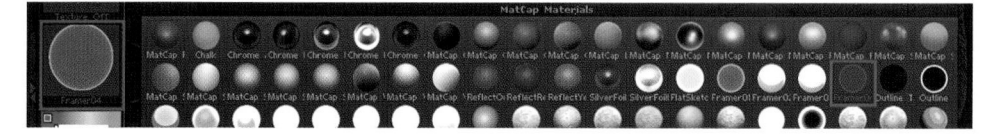

图 3-73　选择 Framer04 材质球

如图 3-74 所示，展开 Render 菜单下的 Render Properties 命令组，点击关闭 Shadows、AOcclusion 和 Sss 通道，再点击 BPR RenderPass 命令组中的 BPR 按钮，对模型进行渲染并保存渲染好的图片。

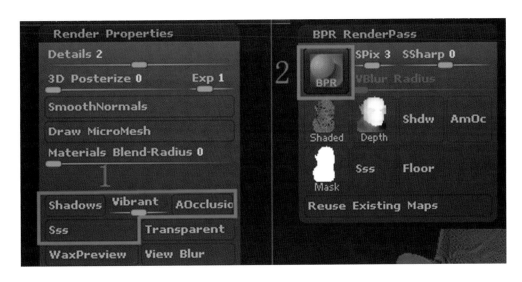

图 3-74　对模型进行渲染并保存图片

更换模型材质球为 BasicMaterial，再把色板中的颜色调为纯黑色，点击 BPR 渲染并保存图片，如图 3-75 所示。

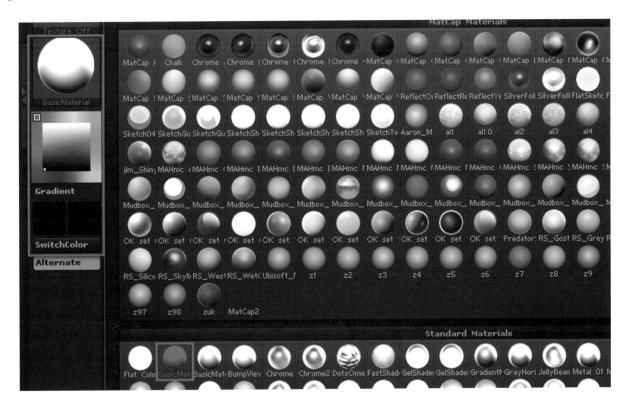

图 3-75　点击 BPR 渲染并保存图片

到此，就完成了模型的各通道渲染和输出。分通道渲染对于后期的合成调节会更加自由，效果也更加多变。在商业项目的制作中，有时候会分出二十几个层，虽然在设置过程中比较烦琐，但到了后期合成时就变得更加快捷和高效。大家在以后的制作中，可以尝试制作更多的通道图。

第五节

"野蛮人"后期合成

启动 Photoshop 软件，如图 3-76 所示，打开渲染的图像。

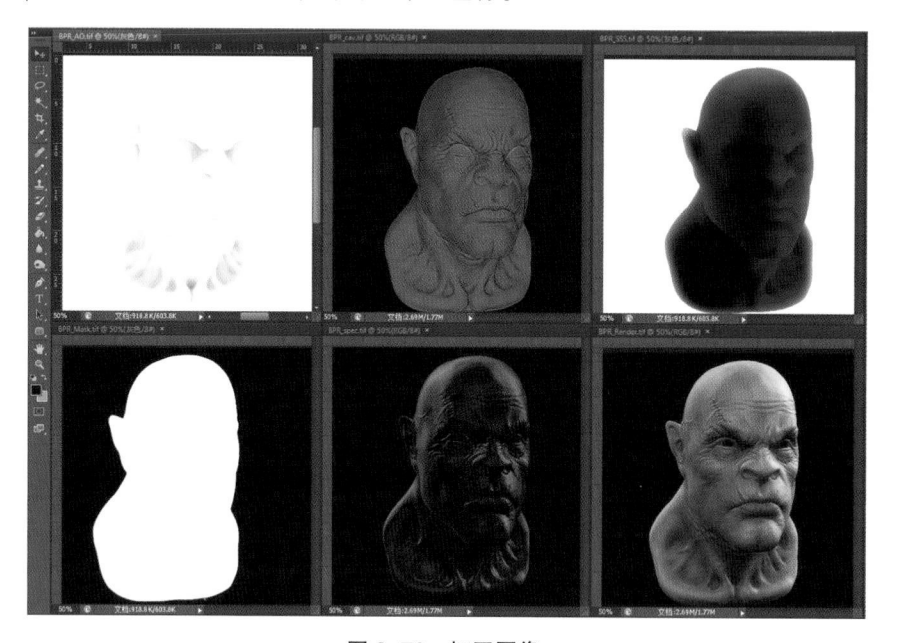

图 3-76　打开图像

如图 3-77 所示，把图像移动到一个画布中并按图层中顺序排列。

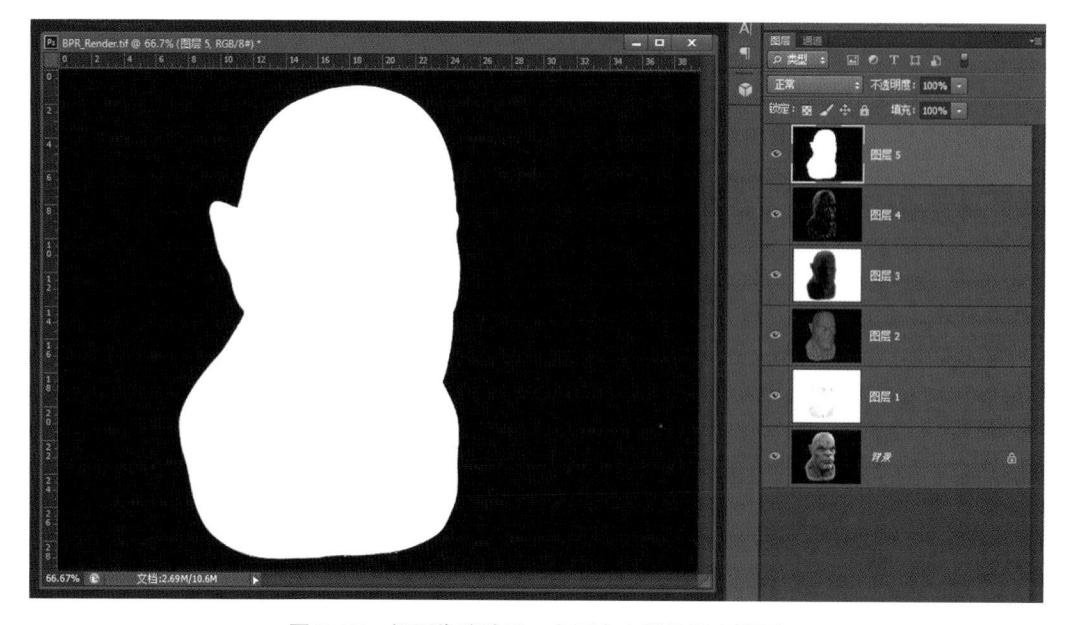

图 3-77　把图像移动到一个画布中并按顺序排列

拖曳"背景"层到图层面板下方的"创建新图层"按钮上,复制"背景"图层,如图3-78所示。

图3-78　复制"背景"图层

关闭图层2至图层5的显示,选中图层1并设置图层的混合模式为"正片叠底",如图3-79所示。

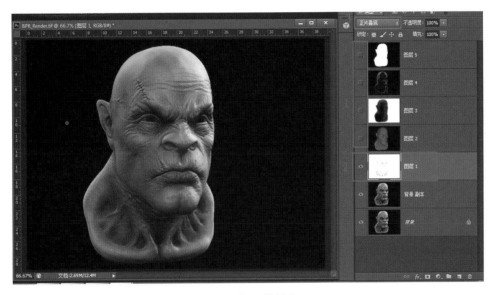

图3-79　正片叠底

执行图像 - 调整 - 色相 / 饱和度命令,如图3-80所示,勾选"色相 / 饱和度"面板中的"着色"选项,并调整参数,对"图层1"进行色彩调整。

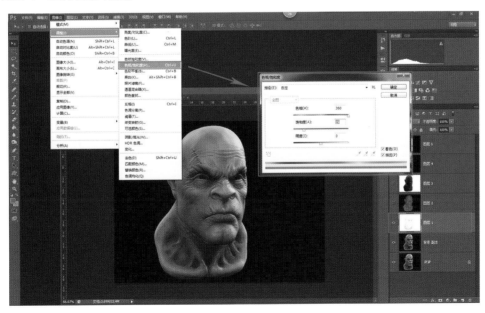

图3-80　色彩调整

开启"图层 2"显示，设置图层混合模式为"柔光"，并降低其不透明度，如图 3-81 所示。

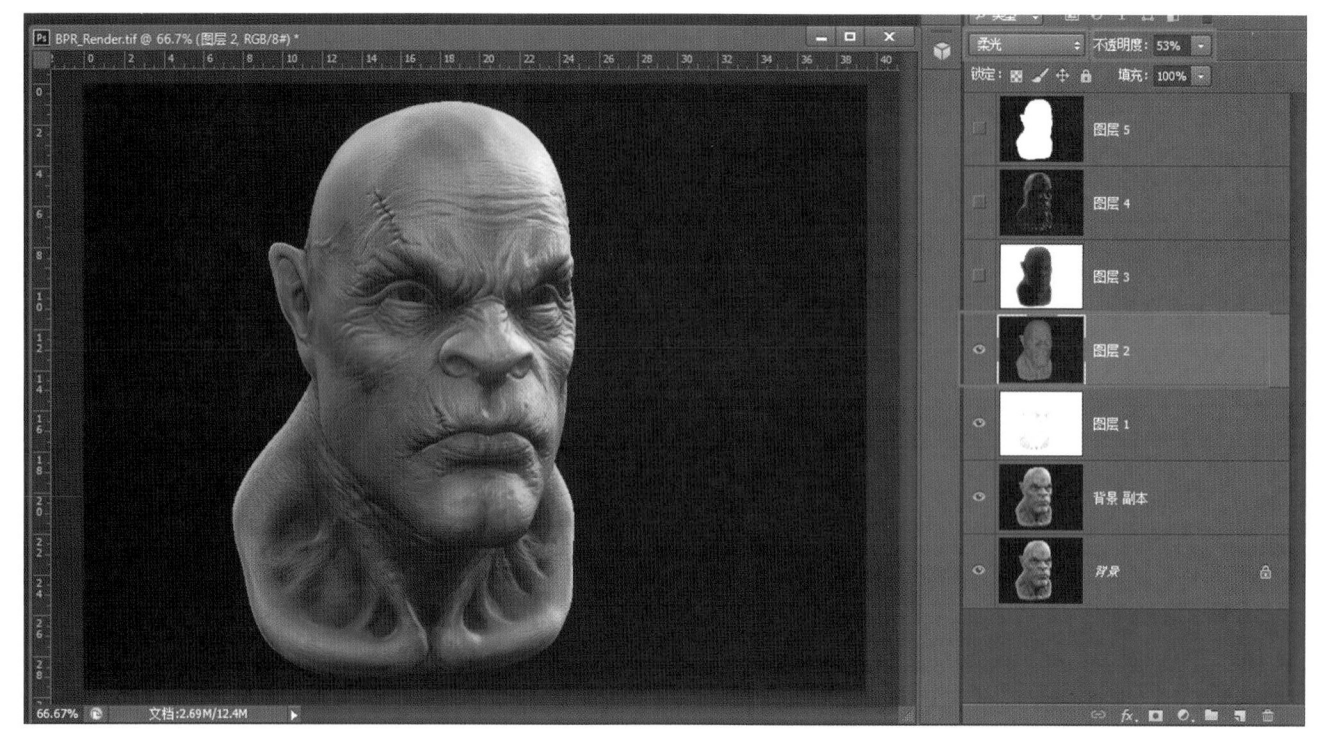

图 3-81　设置"柔光"并降低其不透明度

开启"图层 3"显示，设置图层混合模式为"颜色减淡"，并降低其不透明度，如图 3-82 所示。

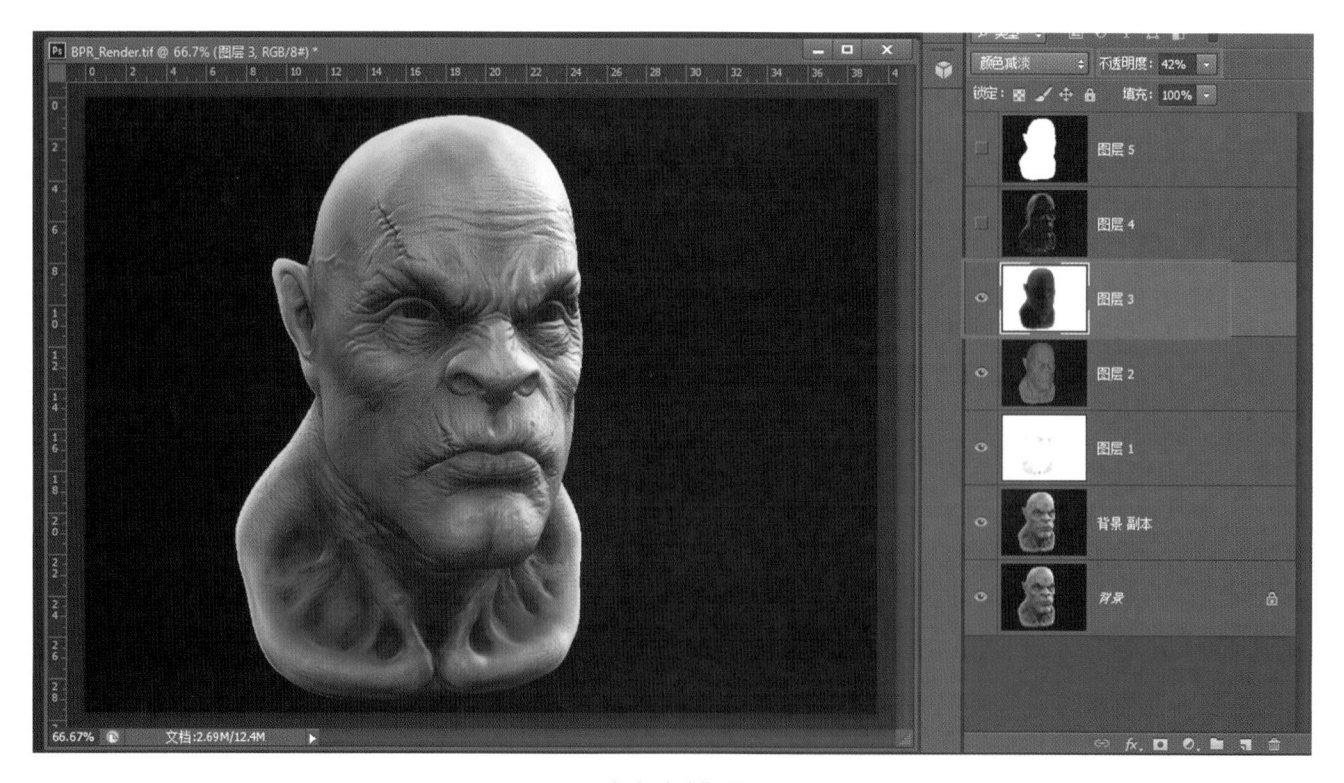

图 3-82　设置"颜色减淡"并降低其不透明度

对"图层 3"执行图像 – 调整 – 色相 / 饱和度命令，勾选"色相 / 饱和度"面板中的"着色"选项，并调整参数，对"图层 3"进行色彩调整，如图 3-83 所示。

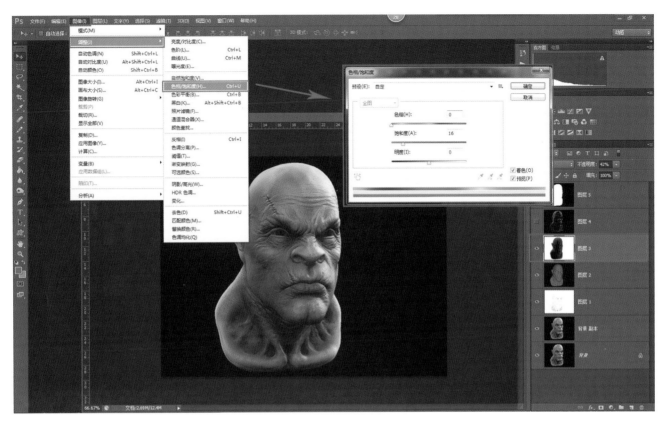

图 3-83　色彩调整

开启"图层 4"显示，设置图层混合模式为"滤色"，并添加"矢量蒙版"，如图 3-84 所示。

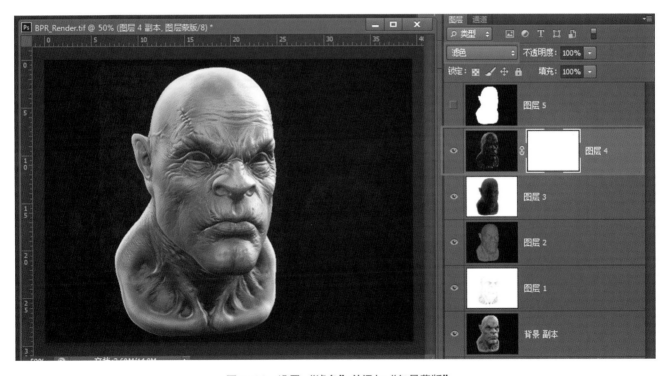

图 3-84　设置"滤色"并添加"矢量蒙版"

选择画笔工具，降低其不透明度，设置前景色为黑色，在"图层 4"蒙版中进行绘制。降低画面中高光的强度，效果如图 3-85 所示。

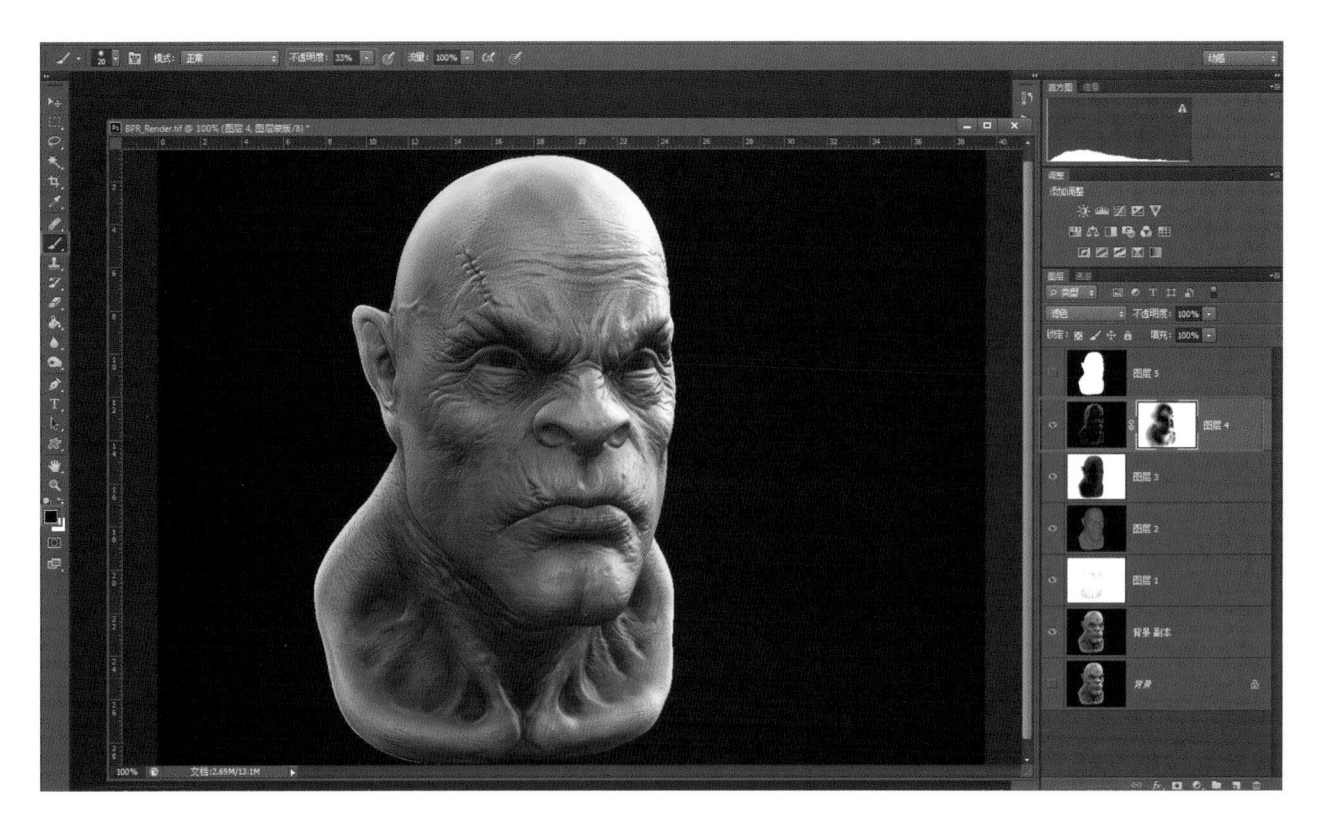

图 3-85　降低高光强度效果

接下来调整画面的亮度和色彩，选择"图层副本"层，执行图像 – 调整 – 曲线命令，增加画面亮度与对比度，效果如图 3-86 所示。

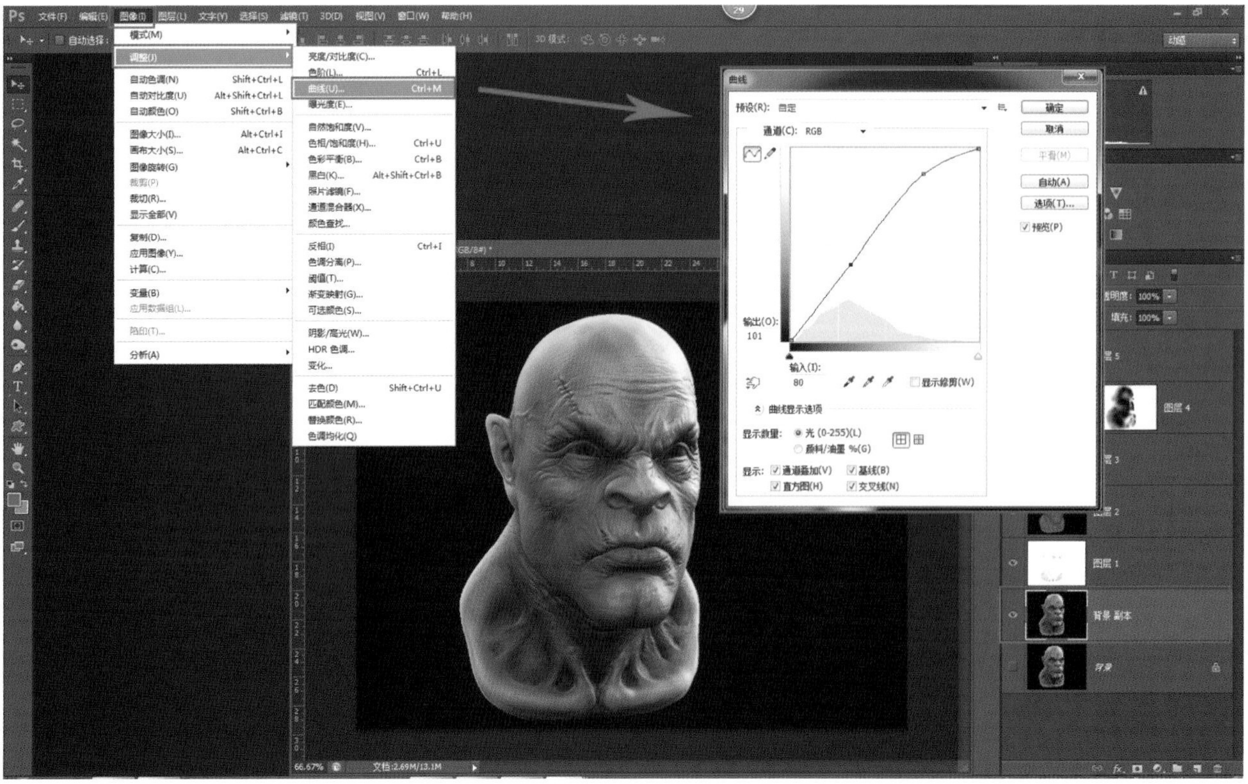

图 3-86　增加画面亮度与对比度

如图 3-87 所示，开启"图层 5"显示，使用"魔棒工具"点击图层 5 中白色区域，再执行选择 – 反向命令。

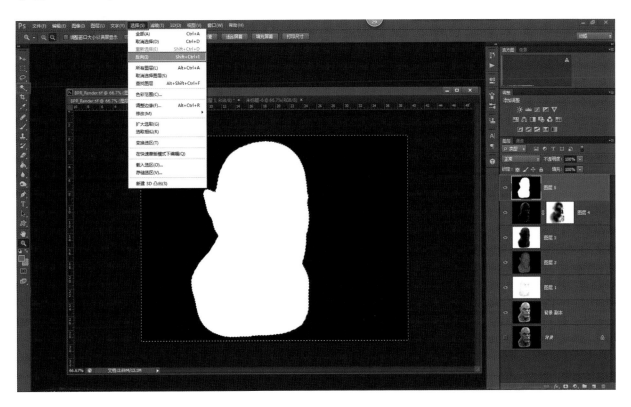

图 3-87　"图层 5"处理

关闭"图层 5"显示，利用刚才载入的选区，依次选择下面的其他图层并按键盘上的 Delete 键，删除每个图层的黑色背景，效果如图 3-88 所示。

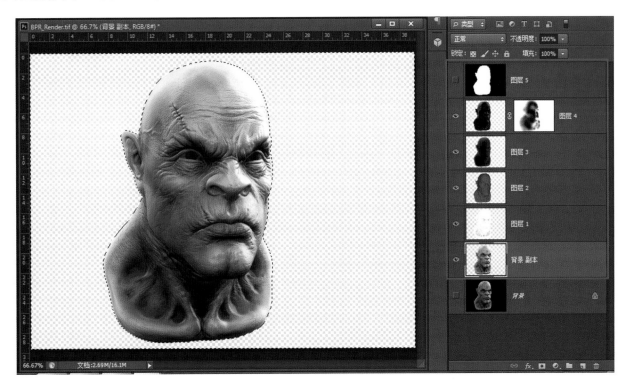

图 3-88　删除每个图层的黑色背景

　　新建一个图层，放在"背景副本"层的下方，设置"前景色"和"背景色"为浅灰和深灰色，再选择"渐变工具"，使用"径向渐变"方式对图层进行渐变填充，如图3-89所示。

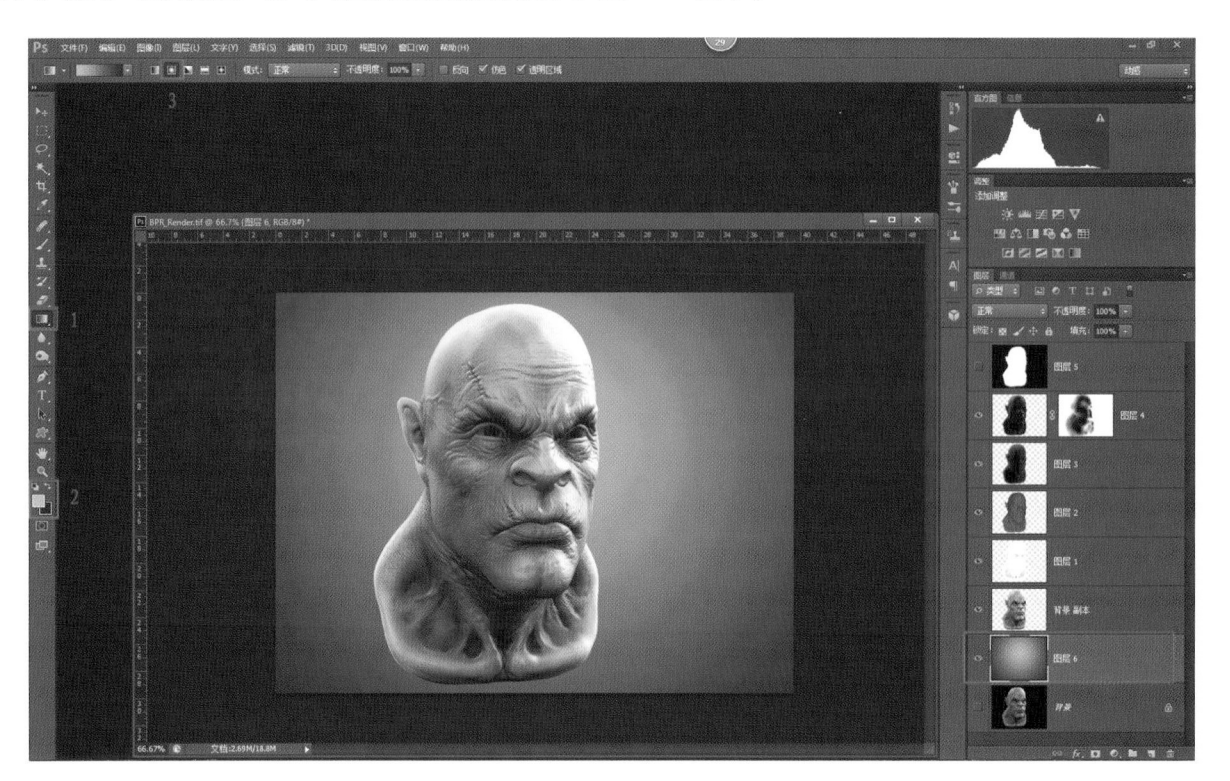

图 3-89　使用"径向渐变"对图层渐变填充

　　导入几张有纹理的背景图片，拖放在"图层6"的下方，设置"图层6"混合模式为"正片叠底"，给画面制作一张背景图。大家可以多发挥自己的创意，增强画面的整体感，效果如图3-90所示。

图 3-90　增强画面的整体感

点击图层面板下方"创建新的填充或调整图层"图标，在"图层4"上方创建"色彩平衡"调整层，调整其参数。对所有图层进行整体校色，如图3-91所示。

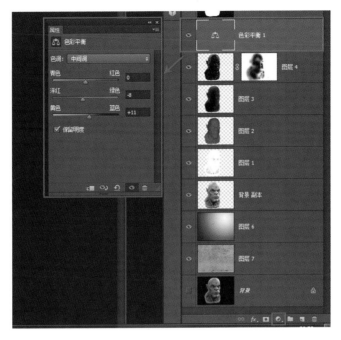

图3-91　对所有图层进行整体校色

最终完成效果如图3-92所示。

图3-92　最终完成效果

通过"野蛮人"头部模型的制作讲解，较为全面地介绍了如何雕刻制作模型，如何在软件中绘制贴图和渲染，以及如何在Photoshop软件中进行快速合成。希望这些对大家能有所帮助和启发。

第四章

多软件结合制作案例

DUORUANJIAN JIEHE ZHIZUO ANLI

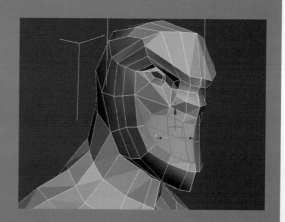

　　本章主要通过多软件结合的方式来介绍半身角色案例制作。因为第三章介绍的重点放在 ZBrush 数字雕刻上，所以本章的重点会放在多软件制作的流程上。通过 3ds Max 制作初模，然后在 ZBrush 中进行细节雕刻，导出低模或者对高模进行重拓扑后在 Unfold 3d 中进行 UV 分展，最后使用 xNormal 烘焙法线贴图以便于低模在 3ds Max 或者 Maya 中渲染出高模细节，并通过烘焙的 AO 贴图来处理颜色贴图。这是当前次世代游戏以及个人数字雕刻作品常用的手法。

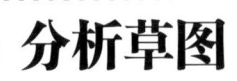

第一节
分析草图

　　本章介绍的案例是国外一位雕刻家的作品。人形怪物案例如图 4-1 所示。它是一个人形怪物，头部具有吸血蝙蝠的特征，面部狰狞，耳朵和嘴巴硕大，而眼睛相对较小。分析这种怪物的结构时，首先应当从人物的结构特征入手，去寻找角色上重要骨骼和肌肉所处的位置，以及它们的形态。例如，本案例的眉弓呈现倒八字形状；眼睛内陷且小；眼袋突出呈血红色；几乎没有鼻梁；鼻孔外翻而且整个鼻子结构较平；嘴巴宽大牙齿狰狞；整个口轮匝肌范围很大；耳朵结构从人的形态进行了改变，从而拥有了类似精灵的尖耳特性；脖子部分最为突出的是后面的斜方肌，进行了夸大的处理，从而显得非常厚实，不过因为胸大肌的萎缩，胸部靠前部分干瘦并能明显观察到肋骨。

　　通过分析以及了解即将制作的角色特征之后，就可以运用 3ds Max 的建模功能去制作大体的结构形态了。在初模的制作中，不需要将细节表现得很细致，只需要把初始状态和需要雕刻的结构位置表现清楚即可，同时注意尽量使用环形布线，限制五角星线的数量，严禁使用五边面及五边以上的面。

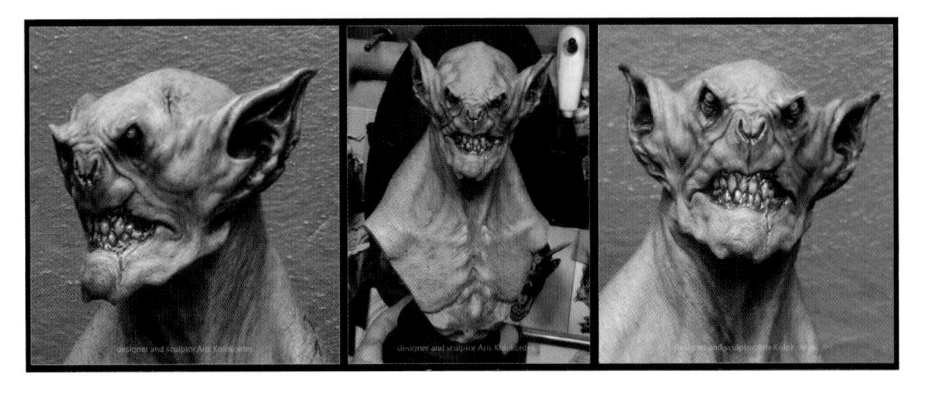

图 4-1　人形怪物案例

第二节
使用 3ds Max 来制作初模

　　使用传统三维软件来进行角色模型制作，实际上基本大同小异，都是从基本几何体开始创建，然后增加线来调整细节。本案例中，首先在 3ds Max中创建一个球体，将球体的分段改成 8 段并将其塌陷为可编辑多边形，将顶部的轴点周围的 4 条线段删除，并调节大型呈扁平状。如图 4-2 所示。

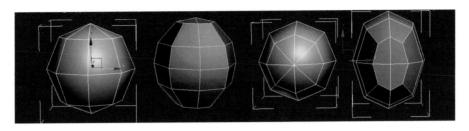

图 4-2　初模建模步骤（1）

因为角色是对称物体，所以在制作时，一般都会删除另外一半的面，只需要制作一边即可，通过镜像工具，注意镜像的轴向，设置类型为实例，就随时可以看到整个模型的形态，并且移动一边的某个点时，相对应的另一边也会发生改变，如图 4-3 所示。

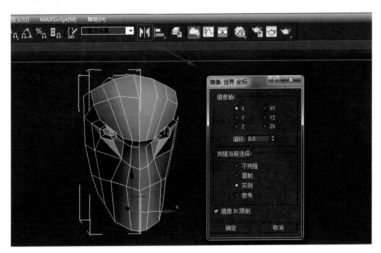

图 4-3　镜像设置

切换到模型的正面，根据参考图，对面部的点进行调整，将大体的脸部形态制作出来，因为该角色额头塌陷，眉弓较薄，所以在处理时，应该预先勾勒出下一步即将要做的区域。将视图旋转到侧面，同样通过调整点的方式将角色侧面大体形态的位置制作正确。侧面的头部造型一般遵循人的颅骨形态，制作大型时，需要按照案例角色的特性以及颅骨的形态来调整。初模建模步骤（2）如图 4-4 所示。

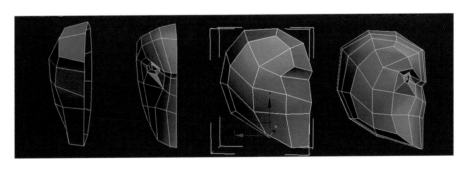

图 4-4　初模建模步骤（2）

增加脸部细节时，需要不断地增加线条来处理更多的结构，比如图 4-4 中的鼻子部分，很明显是缺少线段的。这样就需要对增加线段的那圈线来进行选择，然后连接出可供调节的线条，如图 4-5 所示。选择面部的一条线，然后点击修改面板的循环命令，这样可以将这一列线都选择到，接着点连接命令，循环线就增加到位了。对于眼睛眼窝的地方，可以先选择这个面，然后点插入命令右边的方格，通过小面板来控制插入的数量，如图 4-6 所示。这两个命令在多边形建模中会经常用到，需要熟练掌握。

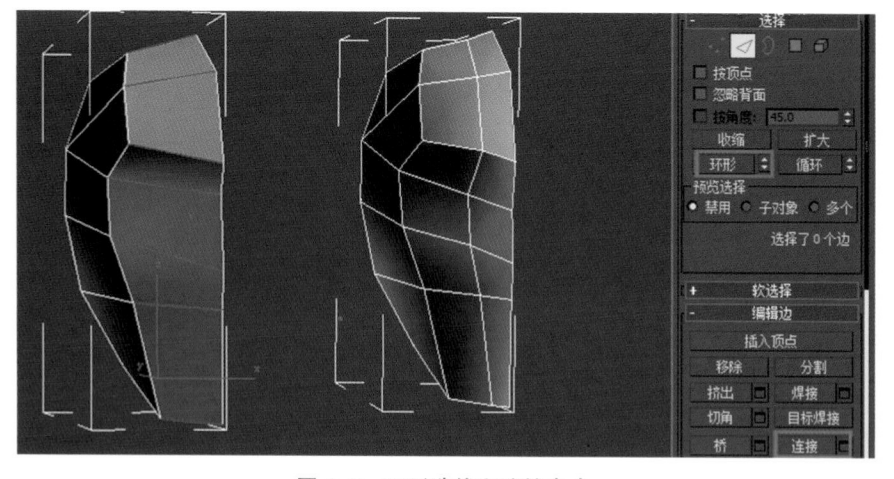

图 4-5　环形选线和连接命令

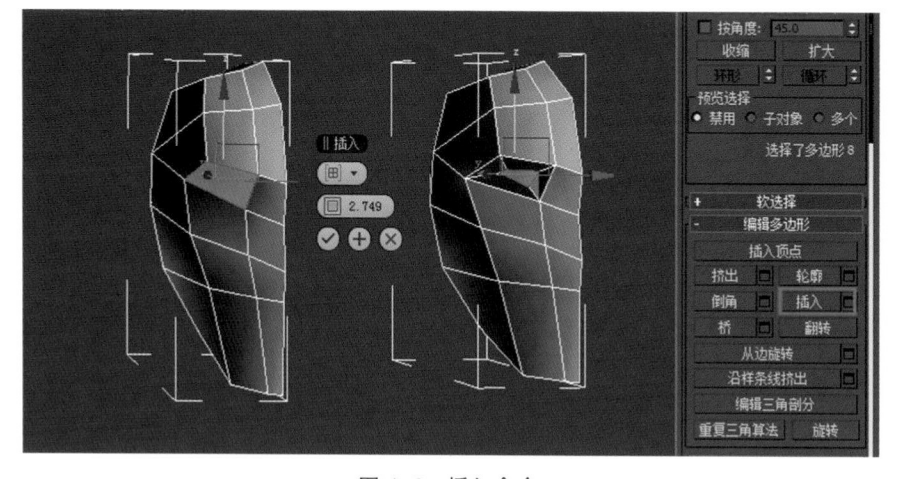

图 4-6　插入命令

　　对于眼部的结构，并不需要调整太多，但是要按照参考图把眼睛基本的位置和形态制作到位。眼睛以环形布线分布，这也是使用插入命令的原因，然后它和眉弓之间的关系是眉弓鼓起，眼窝凹陷，包裹眼球的眼皮再鼓起，然后删除眼球所在区域。在制作时必须遵循以上原则，最后单独创建一个球体来定位眼皮和眼球的咬合部位，微调到位即可。

　　接下来制作脖子与身体部分的大型，如图 4-7 所示。调整脖子部分需要挤出的面的位置，处理出如图 4-7 所示侧面的基本形态，然后选择这些面，点击右边修改面板上的挤出命令，向下挤出身体的多边形。接着通过连接的方式，在身体上进行布线，并通过调整点和线的位置，制作出整个身体的形态。在结构上，因为斜方肌的突出，所以要将这块区域做的厚实些，以此来切合该角色的特征。

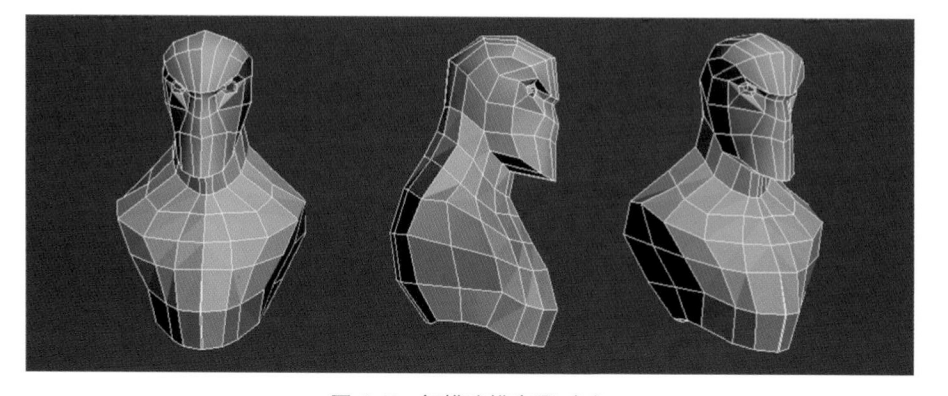

图 4-7　初模建模步骤（3）

现在模型的大体轮廓已基本出来了，接下来就可以对一些结构和关键部位进行强调，比如鼻子部分、嘴巴的位置、脖子区域的轮廓，在均匀布线的前提下，把这些关键部分制作出来，方便后续雕刻。

观察参考图，要做的角色具有吸血蝙蝠类似的特征，从而发现该角色的鼻子很短。因为上面已经预留出鼻子挤出的面，所以只需要选择该面，点击修改面板的挤出，然后调整出略微鼓起的样子。对于嘴巴，现在需要修改布线的形态使其呈弧状，方便后续制作。脖子部分的布线，可以进一步增加圈线，让其呈环状自然分布。眉弓部分，在上一步骤中虽然调整出了基本的大型，不过还是显得过于简单和尖锐，可以增加一圈环线，这圈环线直接走到下巴区域，这样就可以很轻松地把眉弓以及下巴调整得更加丰富和放松一些，如图 4-8 所示。

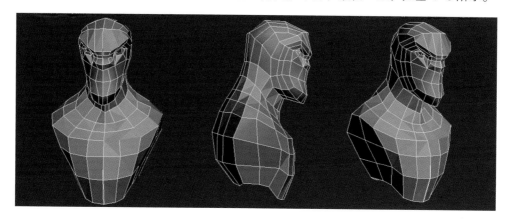

图 4-8　初模建模步骤（4）

进一步细化角色的五官，眼睛区域增加一圈环线，通过调整，使眼窝部分呈现出上紧下松的布线形态。而鼻子部分，在鼻梁上连接出一条线，该线段正好到眼眶边缘，可以通过它来增强眼睛的形态，也可以让鼻梁部分的形状更加具体。

嘴巴区域是本阶段最需要去处理的位置，因为嘴巴的形态基本没有出来。对于处理嘴部，挤出依然是很好的选择，它可以很轻松地去制作出环状分布的线段，在处理眼部和嘴巴这两块人体面部最为突出的环形布线区域时，都可以使用挤出命令去处理，只不过前提是预先调整出挤出的面，以及及时删除中间不需要的面，以免出现模型多面的现象。

选择需要挤出的面，执行右侧面板上的挤出命令，将嘴巴的形态根据参考图来进行调整，并删除边缘（角色中线部分）的两块多余的面，如图 4-9 所示。

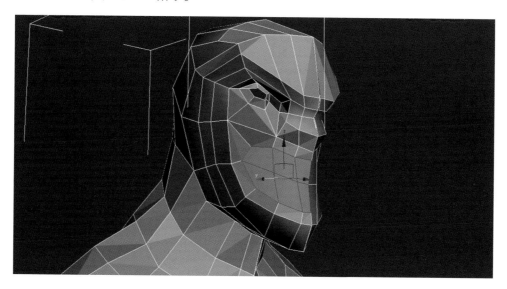

图 4-9　挤出嘴巴的轮廓

逐步增加嘴巴外围的循环圈线，调整出大致的嘴唇轮廓，如图 4-10 所示。其实传统软件的多边形建模无非就是增加线、调整点的过程，增加更多的线段以此来提供可调整丰富细节的点线面，然后使用移动旋转缩放等命令来制作出角色的轮廓和结构。在命令上用的并不是太多，对结构的理解，反而变得异常重要。虽然做的是怪物，但是这种科幻生物其实是基于人体结构然后加上一些动物的特征设计出来的。

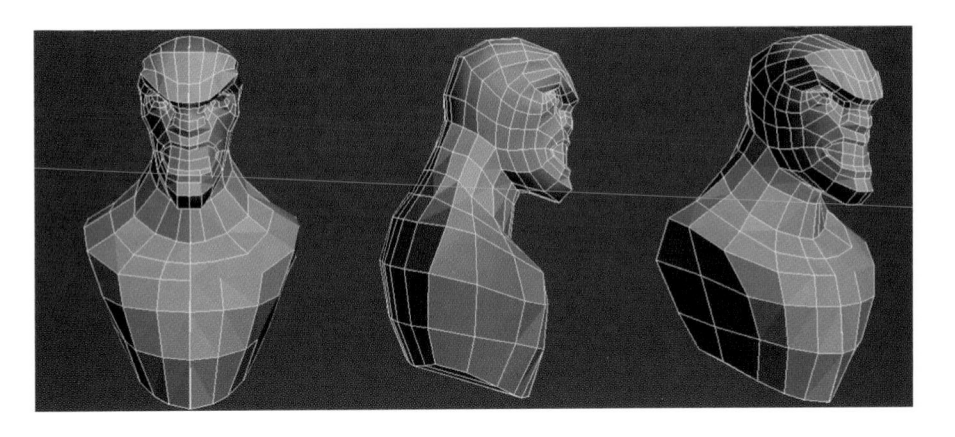

图 4-10　初模建模步骤（5）

最后挤出耳朵部分，并增加一些环形线，让模型的布线更均匀，至此，初模的制作已经告一段路了。因为后续是导入 ZBrush 去进行细节雕刻的，所以并不急于在 3ds Max 中去制作出更多的细节。初模只需要布线均匀合理，大体结构轮廓正确，同时禁止出现三角面以及五边面即可。最终，将模型制作成如图 4-11 的样子。

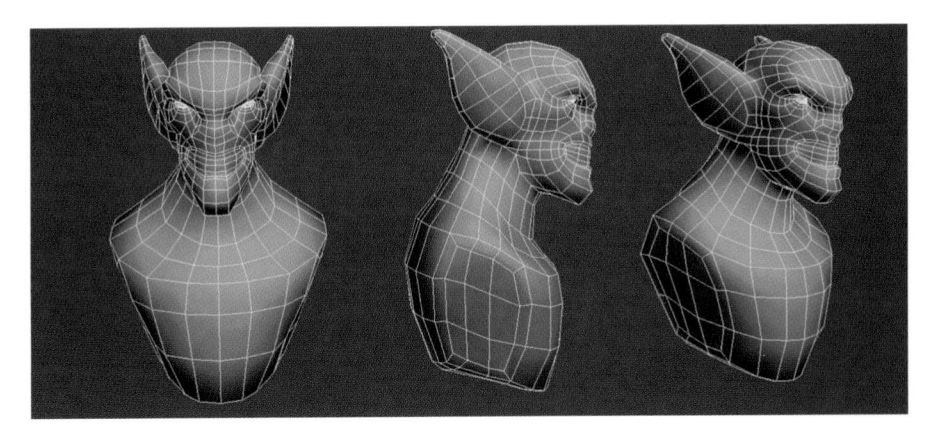

图 4-11　初模建模步骤（6）

第三节
使用 ZBrush 来进行高模雕刻

选择制作好的初模，点击左上角的 3ds Max 图标，导出所选择的物体（见图 4-12），在弹出的对话框中选择 obj 格式，这是 Autodesk 公司的一个通用格式，它能够保存多边形模型的建模以及 UV 信息，以便于在其他软件中自由使用。

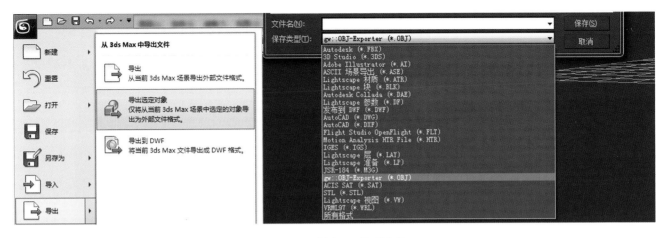

图 4-12　导出 obj 格式文件

　　打开 ZBrush 软件，使用右边面板上的 import 按钮导入 obj 格式的初模文件，然后在窗口中按住鼠标左键拖曳出模型，立刻按键盘上的 T 键或者点击 edit 按钮，进入修改模式，并点击 Make PolyMesh3d，就可以对模型进行修改和雕刻了。

　　点材质面板，更改材质球为 MatCap Gray，这个材质球颜色比较灰，容易看清模型上的细节，方便雕刻，接下来可以点击 Poly F 按钮，即可观察模型上的布线。我们发现，使用传统三维软件来制作初模，相比上一个案例从球体用 DynaMesh 来雕刻而言，布线更加合理一些，如果雕刻中没有太大的改动，甚至不需要拓扑，直接导出 1 级模型来分展 UV 以及匹配模型生成 normal 贴图。将模型导入 ZBrush 如图 4-13 所示。

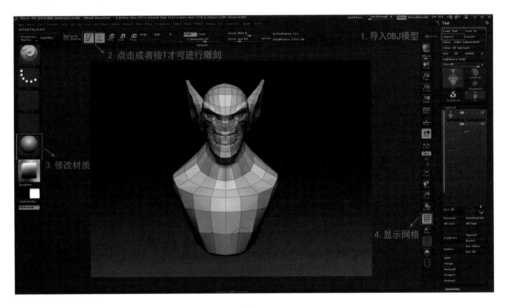

图 4-13　将模型导入 ZBrush

　　按 X 键，开始对模型进行镜面雕刻，因为第三章对雕刻方式进行过详细的讲解，所以本章只讲述雕刻案例的思路。点击 Divide，对模型执行二级细分，并切换到雕刻模式，该模式的好处是把一些常用的雕刻笔刷放置在视窗的左下角，并可以自定义去增加各种笔刷，方便点击和选择。ZBrush 也能够为每个笔刷编辑快捷键，每个人可以选择适合的雕刻模式。

　　在二级细分级别，依然只是去强调角色的大体结构和五官。使用 Clay 笔刷增加黏土铺大型，它能够很快速地堆积结构；使用 Standard 笔刷可以处理一些凹陷或者突起的细长形态；使用 Move 笔刷可以修改调整造型；使用 Magnify 笔刷可以迅速膨胀一些区域的鼓起结构，例如某些眉弓宽大的角色，而 Pinch 笔刷则是收缩。在雕刻的过程中，也可以随时按住 shift 对模型的雕刻区域进行光滑处理，相当于现实雕刻里增加黏土处理大型后，使用刮刀将该区域抹平整。进入二级细分级别处理大型如图 4-14 所示。

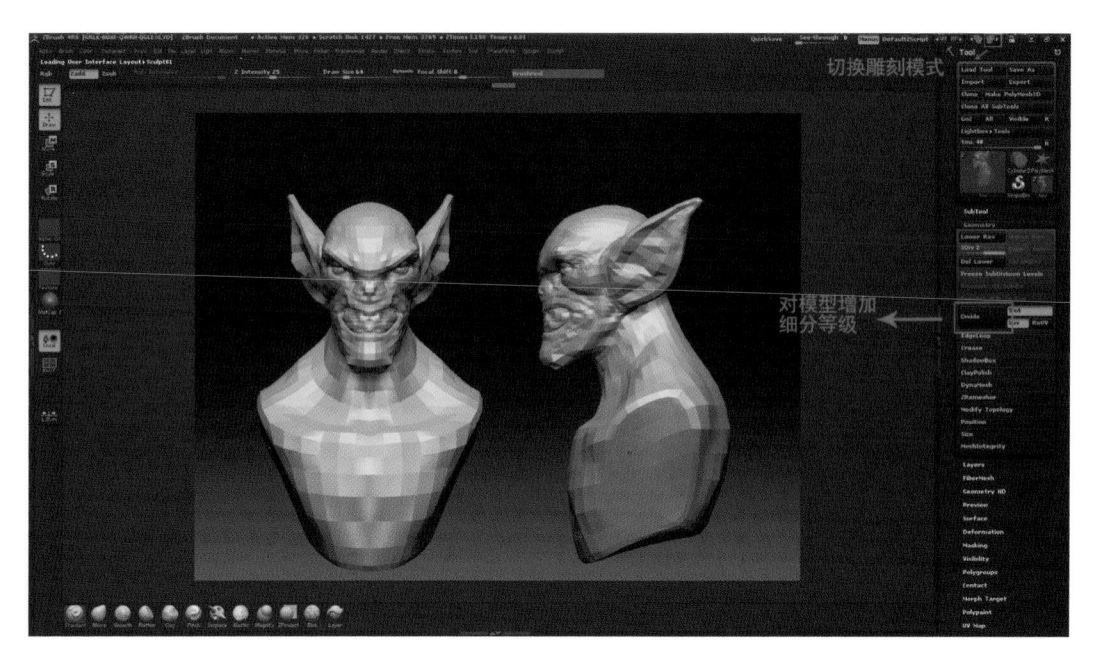

图 4-14　进入二级细分级别处理大型

　　在二级细分级别下，因为受限于多边形数量的限制，不可能制作出太多的细节，所以只是通过 Clay 笔刷把眉弓部分处理得更加圆润挺拔，鼻子的细节通过 Standard 结合 alt 向下压来处理出大概的形态，嘴巴和耳朵也通过增加黏土的方式来进行丰富。并通过右边面板的 SubTool 层窗口来创建角色的眼珠。首先点击 SubTool 图层窗口，将其展开；然后点击下面的 Append 增加物体，在弹出的窗口中选择球体，这样在 SubTool 中就新增加了一层眼球层，同时在视图中会出现一个硕大的圆球；接下来在 SubTool 层里点选角色层，然后点击右边工具栏下面的 Transp 将角色层半透明化，并立刻在 SubTool 中切回新增加的球体层进行编辑。眼球编辑步骤（1）如图 4-15 所示。

图 4-15　眼球编辑步骤（1）

接下来移动和缩放笔刷，在需要编辑的球体上拉出控制杆。首先不断缩小球体，直到合适的大小。注意缩放时一般选择控制杆上的左右两个圆点来缩放，选择哪个圆点拉扯则会以该圆点为中心，中间那个圆点会把球压扁，所以一般不用。每次缩小后，需要重新按住鼠标左键拉出新的控制杆，以便于匹配缩放后的球体。移动时，一般选择中间的那个圆点，配合视图的角度，来匹配到眼睛最终正确的地方。眼球编辑步骤（2）如图 4-16 所示。

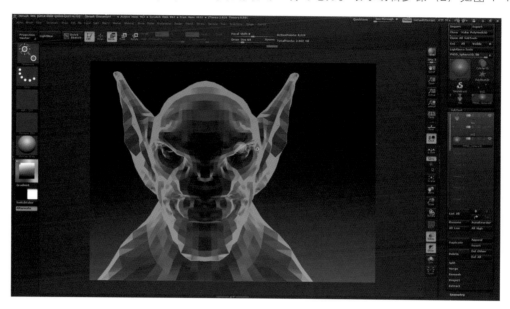

图 4-16　眼球编辑步骤（2）

最后使用第三章讲到的 Zplugin 下的 SubTool Master 镜像出另一边的眼球，眼珠的制作就全部完毕了。

再次点击细分进入三级别，相比较一级别的 700 多个面，三级别拥有了 11632 个面片数量，因而可以雕刻的细节就更多了。记住每一次细分前，都将当前级别的细节雕刻到自己满意的程度，再来进行细分，否则面的数量多了，但是结构却没表现清楚，这样是很难雕刻出满意的作品的。盲目细分是初学者的大忌。

在这个级别里，可以根据参考图对头部进行部分细节的雕刻。在初步处理细节时，对于小的突起的结构渐渐多了起来，使用 Standard 笔刷比使用 Clay 笔刷在处理这些细小突起凹陷上更容易一些。多丰富肌肉结构的层次感，让角色的肌肉有堆积的块状表现。进入三级细分级别处理初步细节如图 4-17 所示。

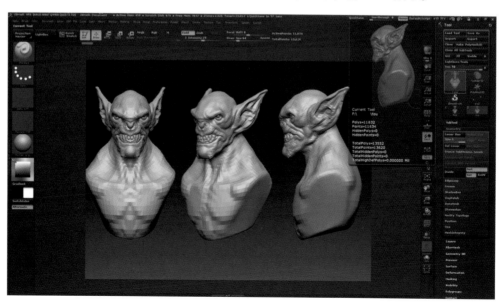

图 4-17　进入三级细分级别处理初步细节

在雕刻细节的过程中，需要多旋转角色的角度，这是因为在雕刻细节时，盯着一个地方进行刻画，容易忽略该区域和其他地方的整体关系。例如雕刻眉弓时，在正面看不觉得，但是一旦旋转到从下部往上看，会立刻发现它和整个面部的关系，是过于突出还是显得较平。通过这样的多角度观察，可以规避很多因过于处理细节而破坏大型的问题，及时使用 Move 笔刷来进行大型调整，解决掉各个位置形态上的错误。多角度雕刻细节并调整大型如图 4-18 所示。

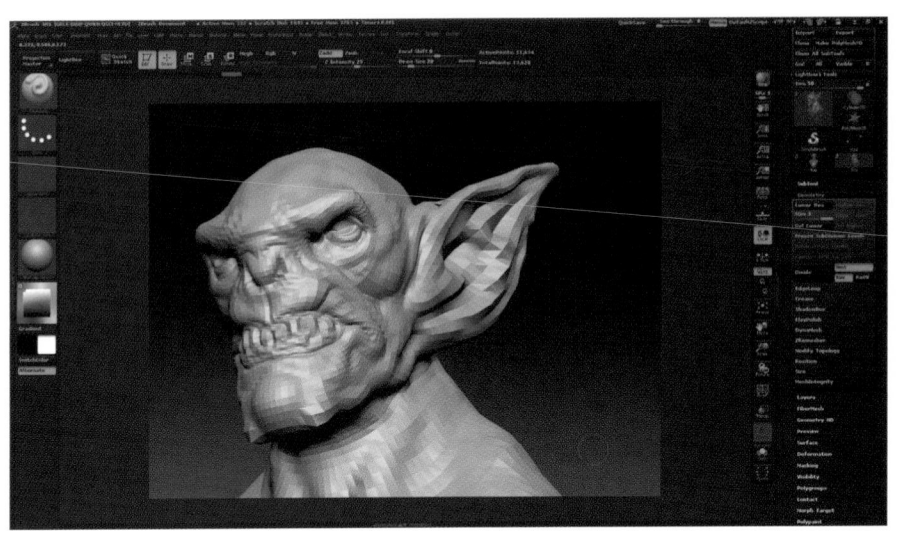

图 4-18　多角度雕刻细节并调整大型

通过三级细分的雕刻，丰富了五官的细节，整个角色的雕刻也初见端倪。这个级别的雕刻，也是塑造更高细分级别雕刻细节的基础。角色在各个结构的转折上，也需要去进行强调，并且解决掉大型的问题。在本级别雕刻到位，检查形态也没有问题后，就可以大胆敲击 Divide，进入下一级别。

接下来的两个细分级别，就是进入细节细致雕刻的环节。在这一阶段，需要仔细结合参考图上的每一个细节，加上自己对人物结构的理解，来对角色进行全面的勾勒及表现。在这个级别的数字雕刻上，没有太多需要强调的地方，笔刷的选择也会更丰富一些，比如在处理细小的纹路时，Slash3 笔刷就会比 Standard 笔刷更细腻，而按住 Shift 使用光滑笔刷时，Focal shift 数字的正负数，可以对凹陷的地方平滑以及突起的地方平滑等。每位艺术家都有自己偏好的雕刻工具和技巧，尽快熟悉适合的雕刻手法，会让之后的数字雕刻事半功倍。细节雕刻如图 4-19 所示。

图 4-19　细节雕刻

1. 嘴巴的细节雕刻

嘴巴的细节雕刻，除了进一步强调口腔周围的口轮匝肌部分，也需要结合参考图来理解怪物的嘴部结构造型。从参考图可以得知，案例角色的嘴角比较软，而且自然下垂；上下嘴唇很薄，甚至没有，这也是和人有显著区别的地方；嘴巴的牙齿颗粒感明显，而且棱角分明，可以用 Flatten 笔刷结合 Alpha 来处理硬切的表面；同时需要注意下巴的造型以及结构，通过 Clay 笔刷及 Magnify 笔刷来处理需要膨胀以及叠加黏土的柔软区域；在嘴巴上部块状的皮肤层次感，可以通过 Standard 笔刷来强调起伏之间的区域。嘴巴的细节雕刻如图 4-20 所示。

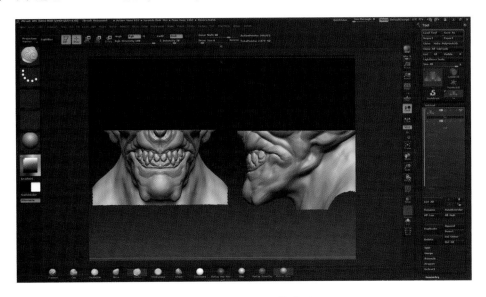

图 4-20　嘴巴的细节雕刻

2. 眼睛的细节雕刻

眼睛的细节刻画，除了强调肌肉的结构特征以外，就是下眼皮和眼角细节皱纹的处理了。对于眉弓上的大块褶皱结构，通常用 Standard 笔刷配合 Alpha38 雕刻出几条皱纹，然后结合 Inflat 膨胀笔刷，把 Z Intensity 强度调低一些雕刻出自然的形态。眼睛周围皱纹的雕刻，是建立在前期使用 Clay 笔刷制作的结构基础上的，这样再去使用 Standard 或者 Slash3 处理出来的皱纹才会更加的真实。如果一开始就去盯着细节看，没有建立在结构上的细节注定是无法让人信服的。眼睛的细节雕刻如图 4-21 所示。

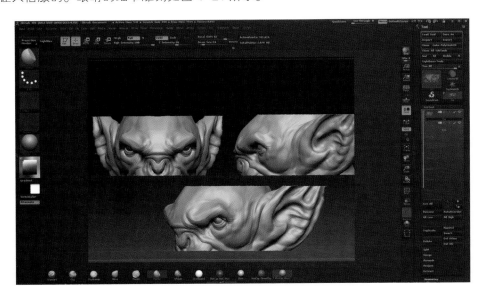

图 4-21　眼睛的细节雕刻

3. 耳朵的细节雕刻

因为在 3ds Max 中一开始就将耳朵的位置确认下来，需要做的，是对这个带有幻想风格的精式的耳朵进行细节上的刻画。在雕刻耳朵的大结构时，可以使用更为粗犷的 Clay Buildup 笔刷，迅速的雕刻出大型，然后对局部的细节进行精修。边雕刻边观察参考图上的耳朵形态，将耳朵修理的真实自然。耳朵的细节雕刻如图 4-22 所示。

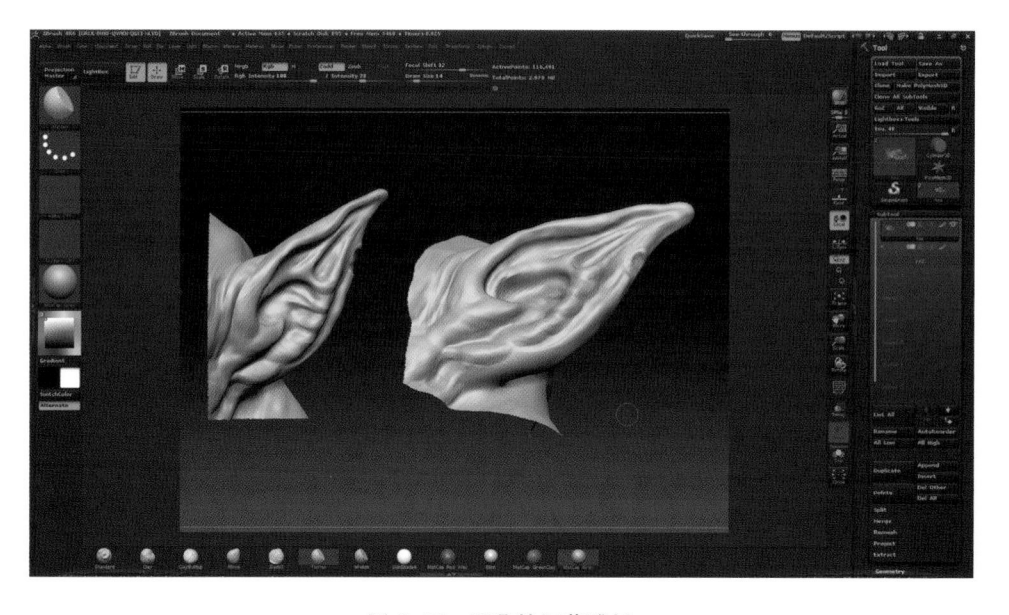

图 4-22　耳朵的细节雕刻

4. 脖子与胸部的细节雕刻

本例脖子背后的斜方肌特别厚实，所以在雕刻时可以对其厚度进行夸张。在参考图上，胸锁乳突肌和锁骨之间的连接几乎形成一个 L 形，这是因为角色胸部肌肉干瘪的原因，整个胸部的肋骨骨架都清晰可见，而胸大肌显得薄弱了不少。这种结构特征和正常的男性人物角色还是具有明显区别的，在雕刻时，需要将他们交代清楚。角色的背部雕刻可以注意下斜方肌和肩部之间的关系，把肌肉块状结构表现出来即可，与颅骨衔接处因为角色的特征，有细小的血管分布在斜方肌之上，可以在大块肌肉结构雕刻成型之后，通过 Standard 笔刷配合 Alpha01 表现出来。脖子与胸部的细节雕刻如图 4-23 所示。

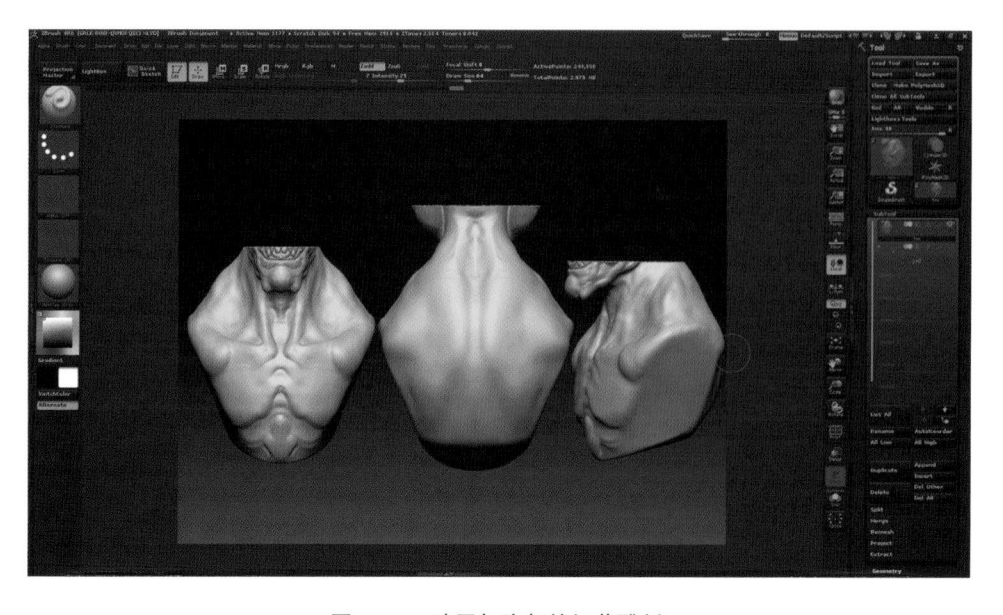

图 4-23　脖子与胸部的细节雕刻

5. 最终细节的雕刻

当细分级别提升为 7 级时，基本上任何细小的纹路都可以表现得非常清晰了，在这个级别上，可以一点点地修饰角色皮肤表面的细节，以及将皮肤的纹理给增加上去。上一案例中，使用的是 Alpha 的方式去增加皮肤纹理，在本例中，该角色皮肤较为干枯，竖条状的细小纹理比较多，所以干脆使用 Standard 笔刷配合 Alpha49 号笔刷，并配合 Shift 光滑，将强度降低，对需要的地方逐步去刻画出竖条状纹理。至此，ZBrush 雕刻的部分就结束了。最终细节的雕刻如图 4-24 所示。

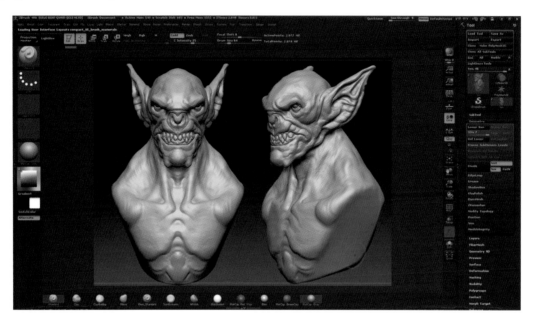

图 4-24　最终细节的雕刻

通过对比上一个案例使用 DynaMesh 动力模型完全在 ZBrush 中制作的方式，本例结合传统三维软件制作初模，然后在 ZBrush 中细节刻画的方式更加易于控制。因为大型已经确定，所以在雕刻时，可以直接通过细分走结构到细节的路线，逐步完善数字雕刻。不过这种雕刻方式也需制作者熟悉传统软件的操作，熟悉工具特性，然后选择适合的雕刻手法，来表现的作品。

第四节
使用 Unfold 3d 来进行模型的 UV 分展

UV 的概念，就是将三维模型平面化，形成一张平面图，点对点确定其位置，方便绘制贴图时在三维模型上的定位。分展 UV 无论是在游戏制作中还是在动画或者影视制作中都是必不可少的一个步骤。将雕刻完成后的模型降到 1 级，发现整体布线良好，符合项目制作的需要，因而就可以跳过拓扑的步骤而直接开始分展 UV 了。

需要注意的是，一旦项目需要我们在 3ds Max 或者 Maya 以及游戏引擎里使用模型，生成法线贴图，颜色贴图，高光贴图等都是必需的，这样的项目必须涉及 UV 分展；如果项目是个人数字雕刻作品，所有绘制颜色（顶点着色），渲染都是在 ZBrush 中完成的话，就可以不用进行 UV 分展。

在 ZBrush 中首先将模型降到最低级，然后选择 Tool 工具面板下的 Export，将模型导出 obj 格式（见图 4-25）。

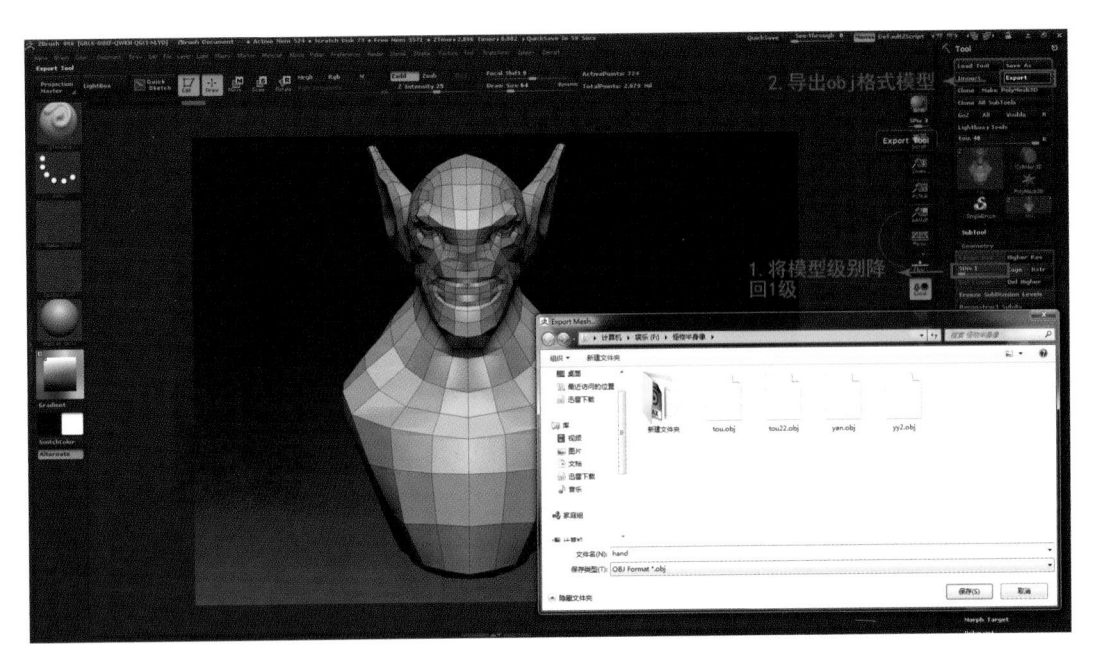

图 4-25　ZBrush 导出 obj 格式模型

打开 Unfold 3d 软件，通过 File 导入 obj 格式的角色低模，这时候可以看到左右窗口中同时拥有了两个模型。左边即为三维视窗，需要在该视窗中对模型的边来进行选择切开；右边是 UV 视窗，可以在这里观察以及编辑分展完毕的 UV 信息。在对低模进行 UV 分展之前，还需要将视图的操作模式更改为常用软件的操作模式。点击 Edit 下的 Mouse Bindings，就可以在弹出的窗口中选择适合的操控类型了，如图 4-26 所示。

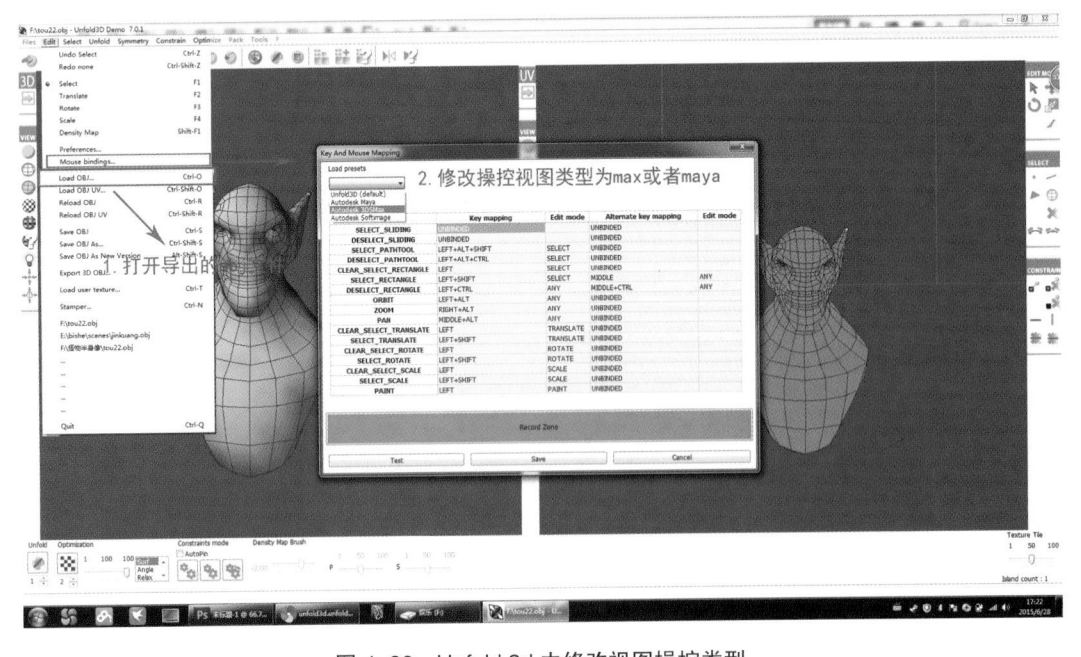

图 4-26　Unfold 3d 中修改视图操控类型

首先将角色的头部和身体分离。选择脖子上的一圈线，当鼠标移过去时，线条呈白色显示；点击选择时，线条呈天蓝色显示；按住 Shift，则可以加选余下的线条；当全部选择完毕以后，点击上面的切开按钮（见图 4-27），此时模型呈浅绿色显示，意味着切开成功。

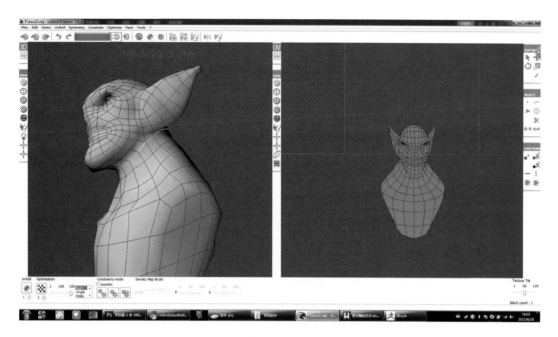

图 4-27　切开模型脖子处的 UV

　　角色切线的原理，首先选择需要切开的大区域，然后寻找该角色突起比较明显的区域，比如本例的耳朵。如果不把耳朵剪开的话，它就会和整个脸部一起强行压平，这样做的结果是耳朵位置所占的分辨率小了很多，而在UV视图中，会因为受到挤压而出现非常明显的红色。将耳朵根部环形切开，作为一个圆形的物体，也需要找到一个切口，才能很好地展成平面块状。选择耳根处的一条线（见图 4-28），然后切开，这样耳朵就可以很好的展平了。

　　对于同样是圆球状的头部，也需要切一条线，背后通常是很好的选择，到额头处然后向两边延伸切开。这样做的原因是，通常角色在这块区域都会有头发遮住，就算本例没有头发，在头皮背面以及顶部的纹理细节也是比较少的，将较多的分辨率提供给主要的面部区域。全部切线完毕后，就可以点击 Unfold 命令，将初模的 UV 整个展开了。

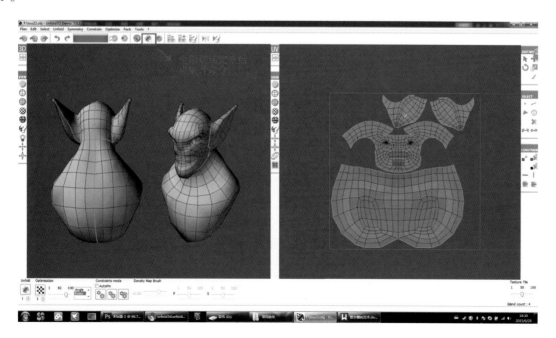

图 4-28　展开整个模型 UV

通常 UV 展开以后，可以在 UV 视图中观察已经分展完毕的 UV 状况。如果 UV 块上有比较明显而突出的深红色，则证明该区域有 UV 分辨率挤压的状况。如果是切线失误，可以按 "Ctrl+Z" 组合键退回到分展之前的状况重新切线；如果是无法切线的区域，Unfold 3d 也准备了放松的命令，让挤压的 UV 更加平整一些。放松挤压的 UV 块如图 4-29 所示。

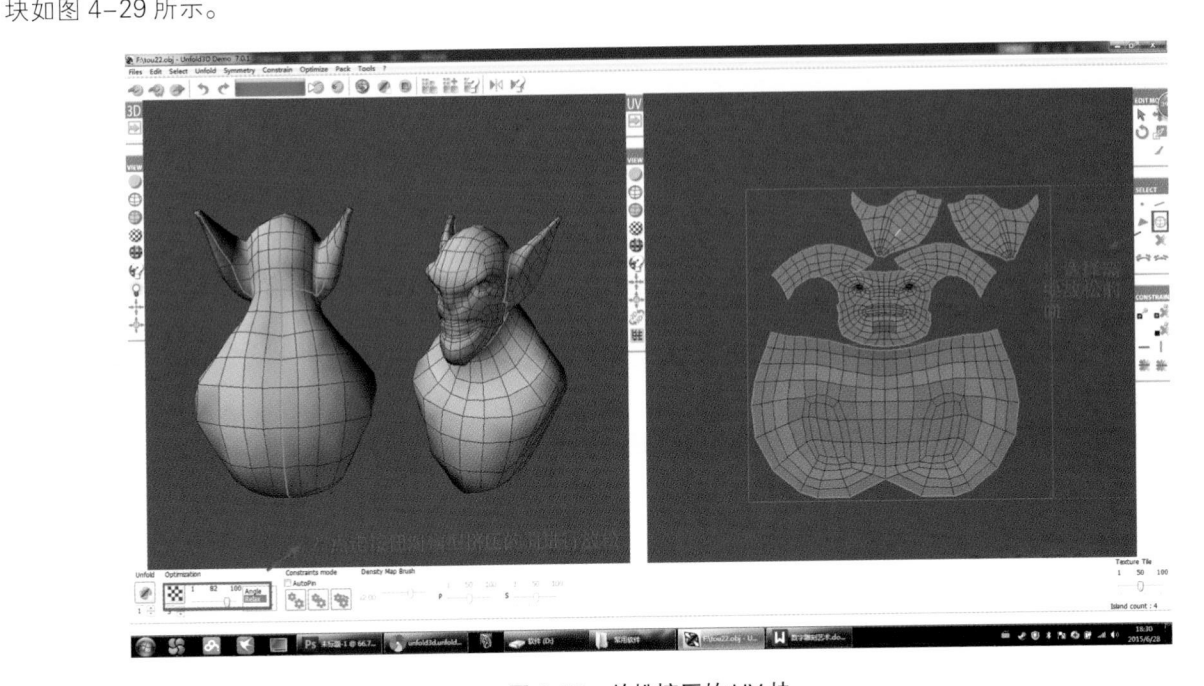

图 4-29　放松挤压的 UV 块

选择需要放松的面，如本案例的下巴区域，既可以在三维视图中选择，也可以在 UV 视图中选择。然后在左下角选择 Relax，多次点击旁边的棋盘格按钮，观察发现挤压的状况可以减弱不少，选择的 UV 块也呈向周围放松趋势。

最后将当前分展完毕的初模导出，UV 的分展工作就全部完毕了。点击 Stamper，在弹出的窗口中进行设置（见图 4-30），最后导出模型文件。

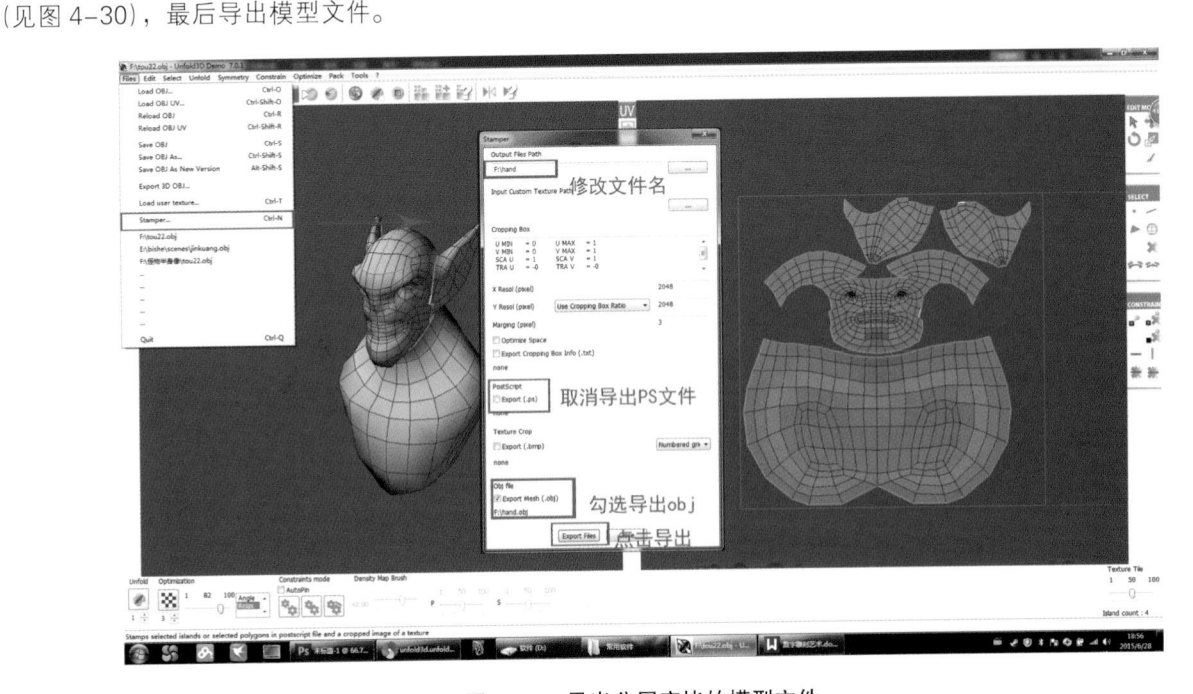

图 4-30　导出分展完毕的模型文件

第五节

使用 xNormal 烘焙法线贴图和 AO（环境遮挡）贴图

法线贴图能够为低精度模型在传统三维软件以及游戏引擎中提供数字雕刻后的高精度效果，这也是当前次世代游戏里的主流表现方式。而 AO 贴图利用分好 UV 的模型，通过计算，将模型表面的暗部和亮部完整细致的计算出一张贴图来，AO 贴图非常适合作为绘制贴图时的底色。通常来说，烘焙贴图有很多种方法，可以在 ZBrush 中匹配分好 UV 的低模后来生成，也可以在 Maya 和 3ds Max 中烘焙。现在介绍一款专门烘焙贴图的小软件 xNormal，它是免费软件，所以可以直接到网络上进行下载。xNormal 烘焙软件很轻松，不但效率高，而且效果也非常不错，本节就详细讲解它的操作方法。

首先打开 ZBrush，将雕刻完毕的 7 级细分模型导出为 obj 格式，作为高模的烘焙依据。导出高模如图 4-31 所示。

图 4-31　导出高模

然后打开 xNormal，从软件右边点击高模导入窗口 High definition meshes，在视窗中按鼠标右键 Add meshes 导入高模，这样在窗口中就可以看到导入完毕的模型了（见图 4-32）。

图 4-32　在 xNormal 中导入高模

　　低模导入之前，需要对低模的边进行软化处理，因为最后渲染会在 Maya 中完成，所以这个操作也在 Maya 中进行。打开 Maya 并载入模型后，对模型进行点击，然后执行 Normal 命令下的 Soften Edge，对模型进行软化处理（见图 4-33）。

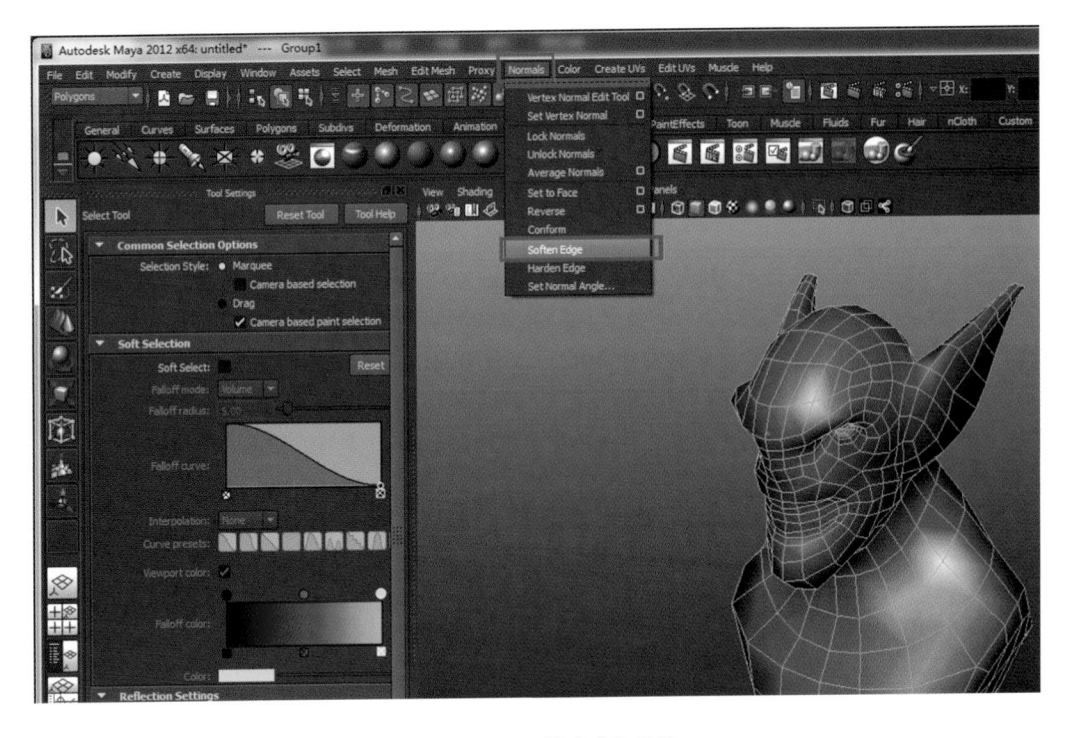

图 4-33　将低模边进行软化

　　完成后导出 obj 格式模型，需要注意的是，Maya 导出 obj 时需要在 Windows 命令下的 Settings/Preferences 参数设置中的 Plug-in Manager 插件窗口中找到 objExport.mll 打钩，这样就可以在 File 菜单下的 Export Selection 中选择导出 obj 文件类型了（见图 4-34）。

图 4-34　在 Maya 中导出低模

将软化边后的低模加载进入 xNormal 软件的低模导入窗口 Low definition meshes 中，导入方式和之前导入高模是一致的。需要注意到的是，一旦计算时，发现法线贴图上有明显的错误，比如使用默认的计算范围计算出腋窝和手指间有互相影响现象，就需要将 Maximum frontal ray distance 和 Maximum rear ray distance 数值调小。在 xNormal 中导入低模如图 4-35 所示。

图 4-35　在 xNormal 中导入低模

点击 Baking options 烘焙窗口，在弹出的窗口中修改保存文件名和路径，贴图格式选择 tga 格式。贴图尺寸如果是测试的话可以设置为 1024，如果是最终烘焙出图可以选择 2048，Edge padding 边线填充建议改小一些，设置为 2 即可。Normal map 法线贴图和 Ambient occlusion 环境遮挡贴图可以分开渲染，点开贴图设置，注意 Y 轴选项，在 Maya 中使用是正 Y，而在 3ds Max 里使用的则是负 Y，可以根据选择来设置。设置烘焙属性如图 4-36 所示。

图 4-36　设置烘焙属性

点击 Generate maps 创建贴图按钮后，如果是第一次打开该窗口，记得在左上角修改 Notify tile updates 开启实时预览。这时候可以看见几个方格在画面中游走计算贴图，方格代表你的 CPU，也就是意味着计算机性能越好，计算的时间会越快。这个在烘焙 AO 贴图时特别明显，因为 AO 贴图比较耗时间。烘焙法线贴图如图 4-37 所示。

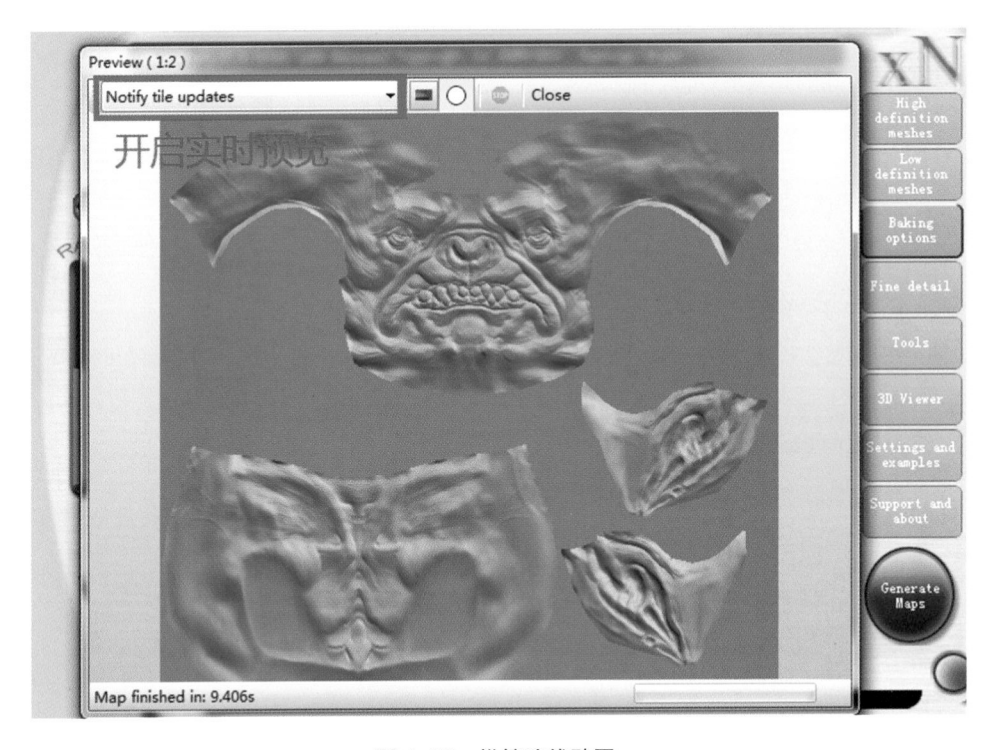

图 4-37　烘焙法线贴图

AO 贴图使用相同的方法来烘焙，烘焙完成后，开启 Maya 软件，将低模导入进来。选择低模，点击 Rendering 快捷书签下的 Blinn 材质球，将其赋予到低模上，然后再弹出的右边属性栏中的 Bump 属性上加载法线贴图，在凹凸节点上修改使用类型为 Tangent space normal。加载法线贴图如图 4-38 所示。

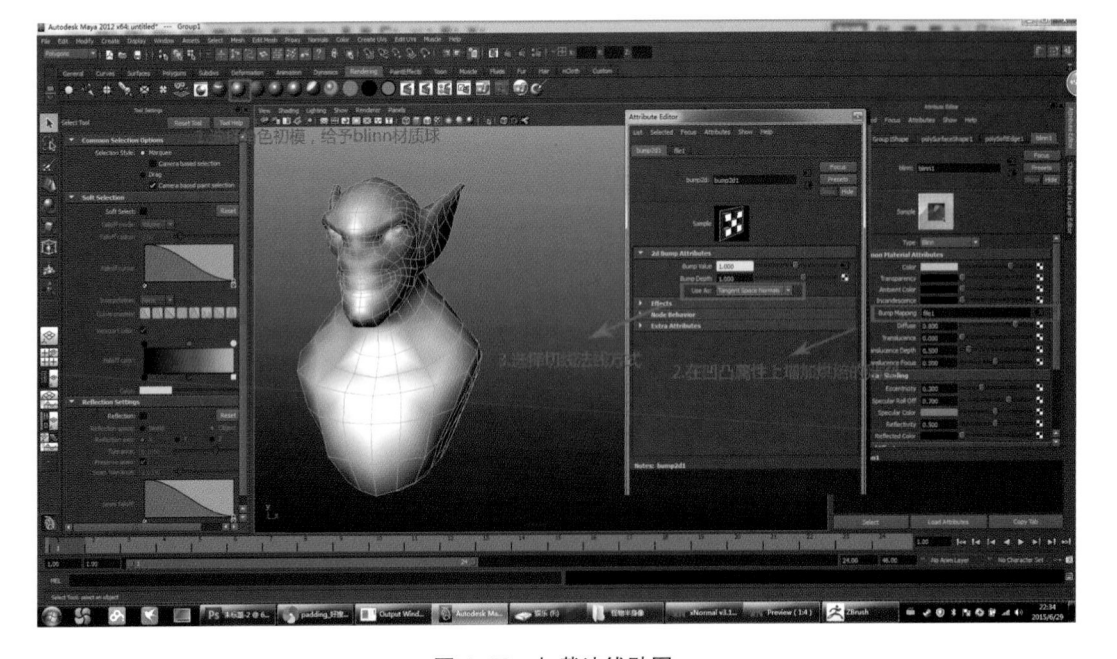

图 4-38　加载法线贴图

点击视图菜单下的显示贴图按钮和高精度显示按钮，就可以在 Maya 中观看到低模显示高模细节的效果了，现在模型上的细节，都是通过法线贴图得以实现的（见图 4-39）。

图 4-39　在 Maya 中通过法线贴图表现高模效果

第六节
使用 Photoshop 来制作颜色贴图

制作颜色贴图的方式有许多种，比如利用顶点着色来转换贴图，使用照片映射的方式来制作逼真的贴图，还有传统的 Photoshop 绘制方式等，它们各有利弊。这里介绍使用 Photoshop 叠加 AO 贴图的颜色贴图绘制方式，给大家提供制作思路。

在 Photoshop 中打开 AO 贴图，寻找到合适的皮肤纹理来进行平铺叠加，注意皮肤纹理的细节（见图 4-40）。

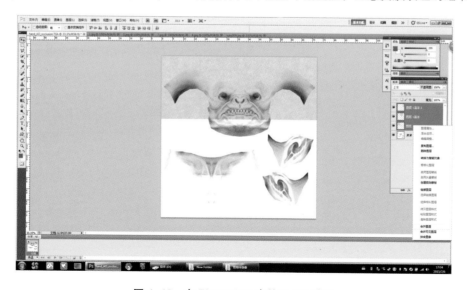

图 4-40　在 Photoshop 中处理 AO 贴图

接下来为了更好地对贴图进行绘制对位，需要在 Maya 中导出 UV 贴图网格。选择角色，在 Window 菜单中点击打开 UV Texture Editor（UV 贴图编辑器），然后在 UV 贴图编辑器中点击 Polygons 下的 UV Snapshot（UV 快照），在弹出的窗口中设置好保存路径、尺寸（本例为 2048×2048）、格式（JPEG 即可），点击 OK，导出 UV 贴图网格（见图 4-41）。

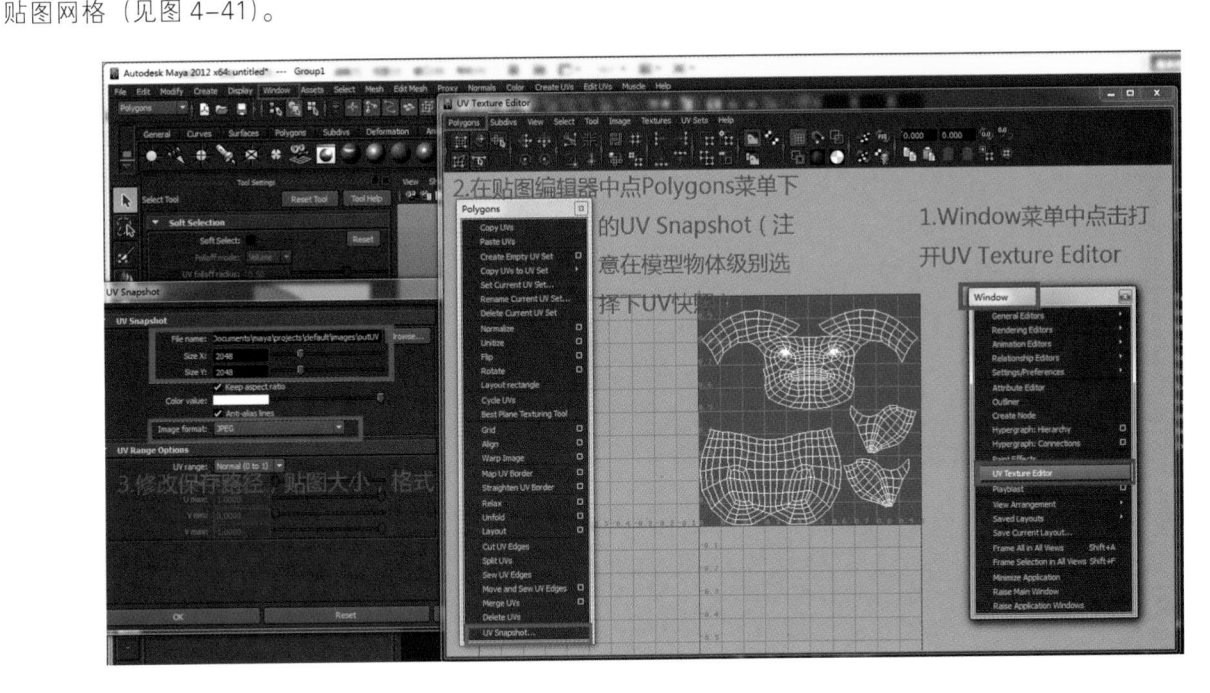

图 4-41　导出 UV 贴图网格

在 Photoshop 中将 UV 贴图网格导入，并置顶到最上面一层，锁定。这样做的目的是随时通过层显示的眼睛按钮对位绘制的位置，不确定的区域还可以在 Maya 中选择面来进行观察，并且在绘制贴图时因为图层锁定而不会误画到该层上。在最终贴图绘制完毕导出时，记得将 UV 贴图网格图层设置为不显示，否则角色身上就是一排排的线框了。对位 UV 贴图网格如图 4-42 所示。

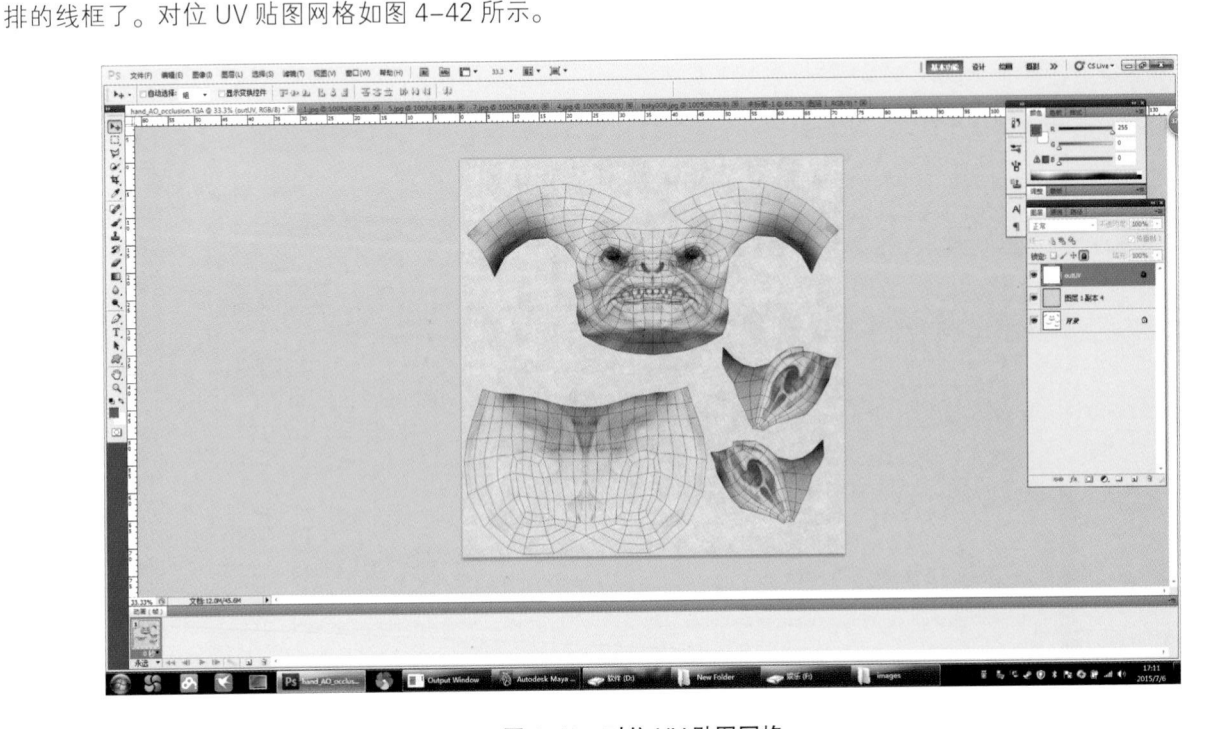

图 4-42　对位 UV 贴图网格

观察参考图后，发现该角色并不是像人类一样的肤色，整个皮肤显得偏青，微微发黄。针对皮肤纹理图层，点击图像—调整—色彩平衡，对皮肤的颜色进行偏色校正，可以多次开启该窗口来进行调整，直到得到满意效果（见图 4-43）。

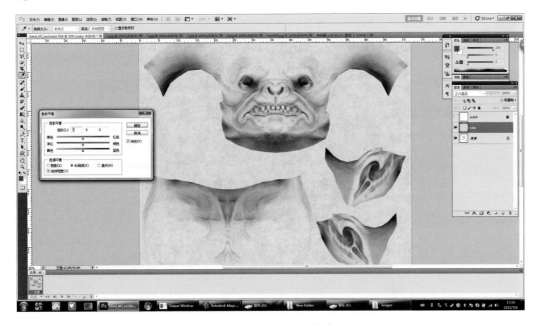

图 4-43　对贴图进行校色

将校色后的贴图直接赋予到角色材质球的 Color（颜色）属性上，观察整体效果（见图 4-44）。在绘制贴图的过程中，会多次执行本操作，为的是实时在 Maya 中观察贴图绘制效果。当需要更新贴图时，只需要多次点击材质球预览图标即可。

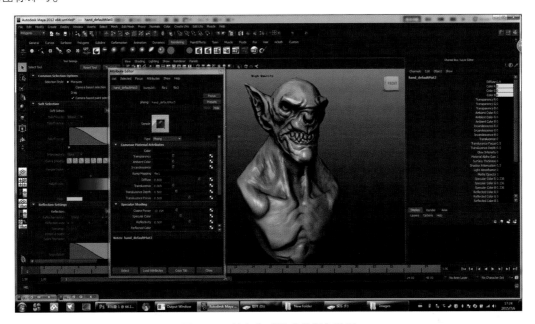

图 4-44　给角色赋予当前颜色贴图

接下来开始处理皮肤表面偏红色的颜色区域，新创建一个图层，将图层混合模式改为颜色，这样在对该图层进行绘制时，笔刷只会将当前选择的色彩绘制到画面的深色区域。可以通过这个特性把整个面部 AO 贴图计算出来的深色区域全部进行颜色绘制，特别是耳朵、眼窝、鼻孔和嘴部等区域（见图 4-45）。需要注意的是，因为角色并没有制作口腔，所以 AO 贴图计算时，嘴部的颜色深度并不够，需要在后面进行进一步增强。

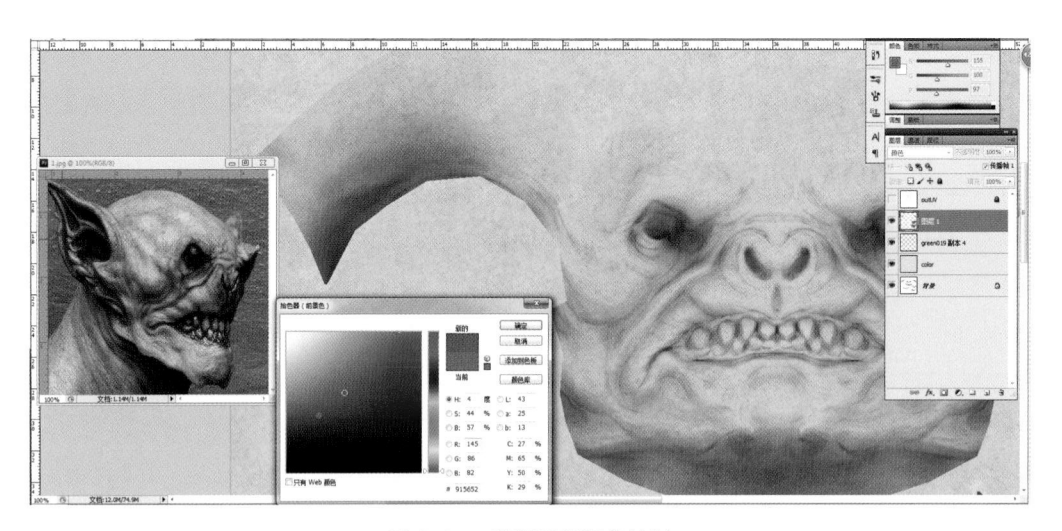

图 4-45   进行面部颜色绘制

将整个面部需要的红色位置绘制完毕，这样角色就拥有了初步的颜色效果了（见图 4-46）。

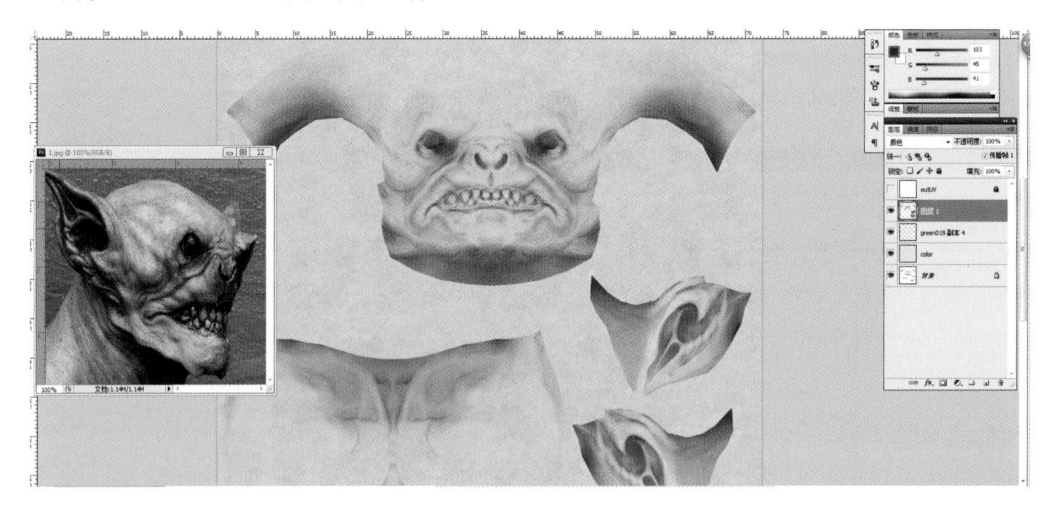

图 4-46   继续面部红色区域的绘制

将贴图放置到 Maya 中进行观察，会发现颜色细节并不丰富，在参考图上，皮肤的边缘区域颜色会偏青，而且红色区域的暗部也需要加强，嘴巴区域的表现较弱。进一步观察当前贴图效果如图 4-47 所示。

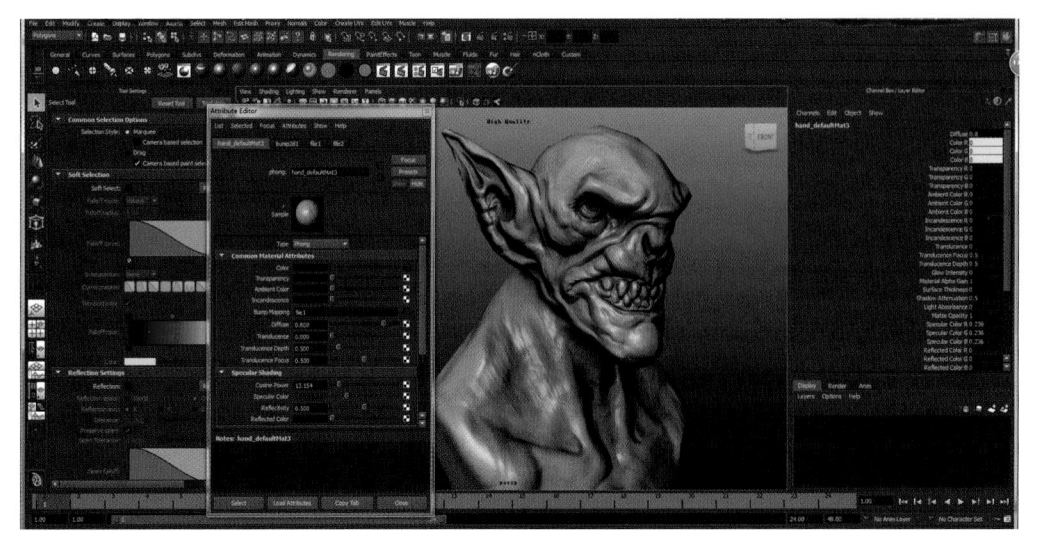

图 4-47   进一步观察当前贴图效果

新建一层，设置为正片叠底，对角色的暗部区域进行加强，同时可以对角色进行绘画风格的绘制，在这里，选择一个类似于炭笔风格的笔刷，来增强贴图的艺术效果（见图4-48）。

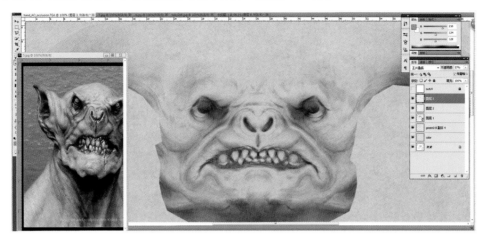

图4-48 强化颜色贴图的暗部区域

接下来是处理角色面部的一些伤疤类纹理，使用比较细腻的笔刷来进行绘制（见图4-49）。注意点开 UV 贴图网格来进行对位。

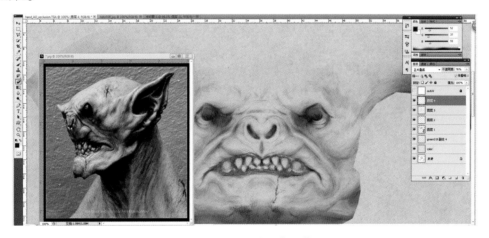

图4-49 绘制伤疤类细节

可以简单对位绘制出一个叉（见图4-50），然后将颜色贴图保存在 Maya 中进行观察，如果位置错误就可以随时在 Photoshop 中进行调整，然后同样选择细小的笔刷将叉状伤疤绘制到位（见图4-51）。

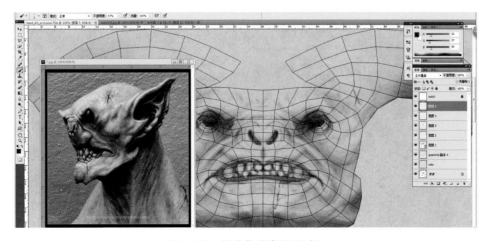

图4-50 叉状伤疤类纹理对位

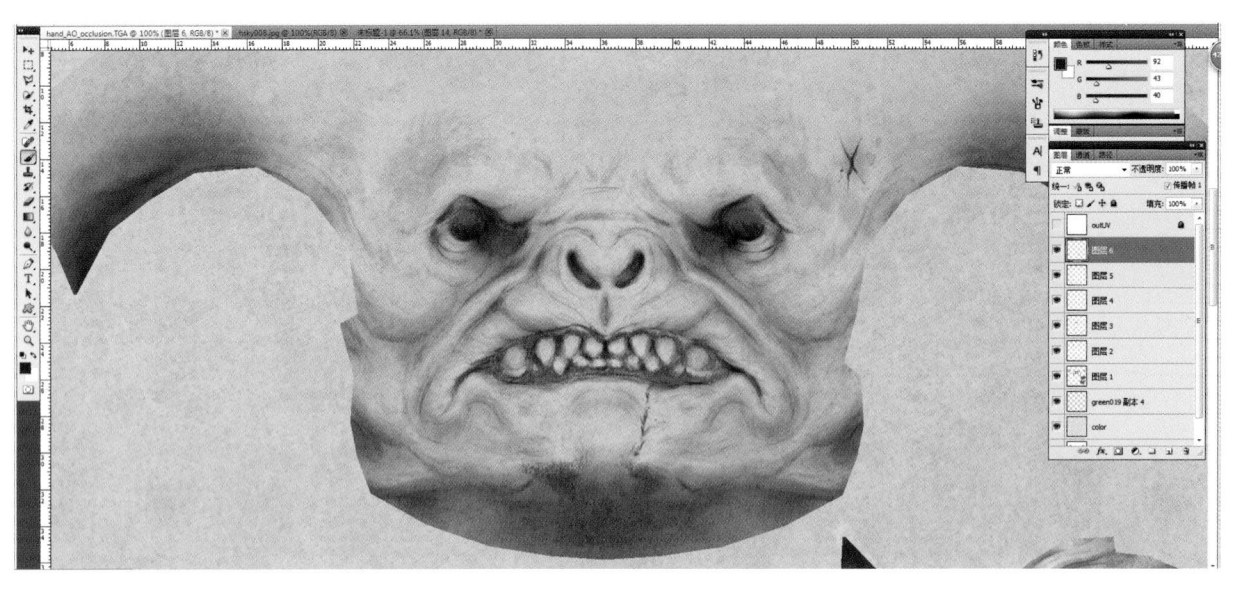

图 4-51　绘制叉状伤疤纹理

选择一个点状笔刷，调整其散步参数和随机值，在皮肤表面增加点状纹理痕迹，并在皮肤的边缘区域绘制出一些青色区域，至此，颜色贴图的处理就基本完成了（见图 4-52）。其实本案例还可以进一步绘制皮肤上的各种细节纹理，以丰富角色的表现力。绘制的方法就讲到这里，对绘画有基础的同学，可以很轻松地继续深入。

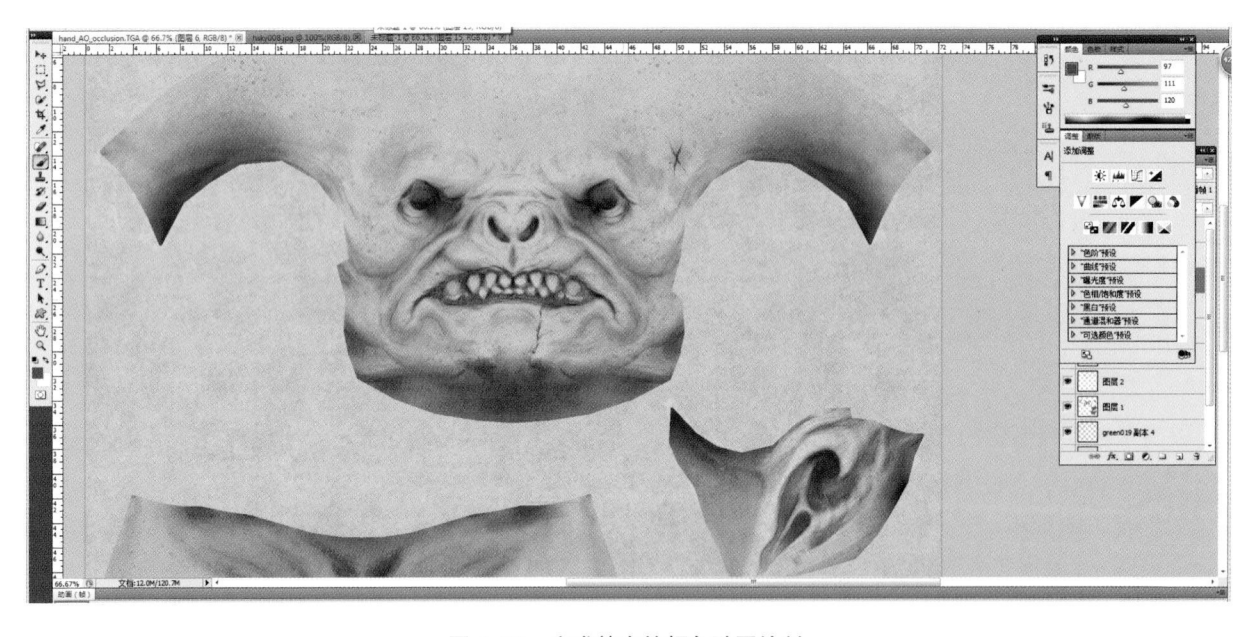

图 4-52　完成基本的颜色贴图绘制

最后回到 Maya 中，将完成的贴图赋予角色。为角色打上两盏灯光，一盏主光为暖色调并投射阴影，一盏辅光为冷调，提供暗部的细节照明。并为角色增加上眼睛，渲染后如图 4-53 所示。仔细观察渲染的图片，可以发现，角色虽然包含了雕刻的细节，但是边缘轮廓依然还是很生硬的低模效果。法线贴图并不能完全将所有的雕刻细节完整地表现出来，特别是角色的边缘，如果想要整体效果完美，可以生成置换贴图来结合处理。

法线贴图技术被广泛运用于当今的次世代游戏中，已经成为业界的通用技巧。当然次世代角色可不仅仅是法线贴图和颜色贴图，也包括高光贴图，反射贴图等，多贴图混合处理做出的角色会更加逼真而令人惊叹，受于篇幅的限制，没法一一介绍给大家。

图 4-53　增加灯光后渲染效果

　　本书概述了数字雕刻中的一些步骤和技巧，让大家对数字雕刻的流程有一些基本的了解。数字雕刻的核心还是雕刻的人，软件都是我们手中的"画笔"，希望大家多研究多练习，这样才会做出更多具有说服力的优秀作品。

参考文献

ZBrush SHUZI DIAOKE YISHU

[1] 徐健，程睿，杨光，等.传奇 3ds Max／ZBrush 极致 CG 角色创作解析 [M].北京. 人民邮电出版社，2012.

[2] 吴伟，谢海天，林大为.角色设计全书：巅峰游戏造型艺术与技术 [M].北京.清华大学出版社，2013.